有机废水的煤吸附净化机理研究

徐宏祥　著

中国矿业大学出版社
·徐州·

内容提要

煤是一种复杂的多孔介质，是天然吸附剂，且吸附后的煤可以按原用途使用，其价值没有减少。本书以褐煤、焦煤和无烟煤吸附处理模拟焦化废水为研究对象，对煤吸附难降解大分子有机物的吸附规律、吸附效率、吸附过程、吸附类型和吸附机理进行了研究分析；提出了煤吸附净化法，对其在焦化废水和含油废水中的实际应用进行了探索研究，可为煤吸附净化法的工艺开发和工业应用提供理论指导。

图书在版编目(CIP)数据

有机废水的煤吸附净化机理研究 / 徐宏祥著. —徐州：中国矿业大学出版社，2022.9

ISBN 978-7-5646-5363-7

Ⅰ. ①有… Ⅱ. ①徐… Ⅲ. ①有机废水处理—研究 Ⅳ. ①X703

中国版本图书馆 CIP 数据核字(2022)第 063622 号

书　　名　有机废水的煤吸附净化机理研究
著　　者　徐宏祥
责任编辑　陈　慧
出版发行　中国矿业大学出版社有限责任公司
　　　　　　(江苏省徐州市解放南路　邮编 221008)
营销热线　(0516)83884103　83885105
出版服务　(0516)83995789　83884920
网　　址　http://www.cumtp.com　**E-mail**：cumtpvip@cumtp.com
印　　刷　徐州中矿大印发科技有限公司
开　　本　787 mm×1092 mm　1/16　**印张** 11.25　**字数** 215 千字
版次印次　2022 年 9 月第 1 版　2022 年 9 月第 1 次印刷
定　　价　42.00 元
(图书出现印装质量问题，本社负责调换)

前　言

吸附法被广泛应用于焦化废水和含油废水等有机废水处理与回收工艺中，对水体颗粒物和难降解有机物都具有较好的处理效果。吸附法的优点很多，但也存在成本高和产生底泥的缺点，如何扬长避短，是研究过程中考虑的重要问题。煤是一种复杂的多孔介质，是天然吸附剂，且吸附后可以继续按原用途使用，价值没有减少。本书提出将煤炭用于吸附处理工业有机废水的思路，以褐煤、焦煤和无烟煤 3 种煤吸附处理模拟焦化废水为研究对象，对煤吸附难降解大分子有机物的吸附规律、吸附效率、吸附过程、吸附类型和吸附机理进行研究分析，并考察煤对焦化废水和含油废水的实际吸附净化效果。

本书共 10 章，第 1 章介绍了本书研究内容和研究方法；第 2 章介绍了相关技术和理论；第 3 章～第 9 章是主体研究内容，分别是实验煤样理化性质研究、实验焦化废水理化性质研究、煤的静态吸附性能研究、煤吸附过程的热力学和动力学研究、煤的动态吸附性能实验研究、煤吸附机理及特性研究以及煤吸附净化法的应用；第 10 章是主要结论、创新点和研究展望。

本书分析了煤吸附净化有机废水的可行性，研究了煤吸附净化有机废水的影响因素、吸附性能和吸附规律，揭示了煤吸附处理有机废水的热力学、动力学吸附特性和吸附机理，验证了煤吸附净化法用于处理实际焦化废水和含油废水的效果，可为煤吸附净化法的工艺开发和工业应用提供理论指导。

本书研究工作得到了国家自然科学基金青年科学基金项目“焦化

废水中污染物在煤水界面吸附的匹配机制和分子动力学研究”(51604280)和面上项目“基于微泡浮选的多流态梯级强化油水分离研究”(50974119)的支持,参考了众多专家学者的研究成果,在此一并表示感谢。

限于作者水平,书中难免存在不当之处,恳请读者批评指正。

著　者

2022 年 5 月

目　　录

1　引言 ………………………………………………………………… 1
1.1　研究的意义 ………………………………………………………… 1
1.2　研究内容、方法及技术路线……………………………………… 2

2　研究现状 ………………………………………………………………… 5
2.1　焦化废水和含油废水的来源及水质特点 ………………………… 5
2.2　焦化废水现有处理技术 …………………………………………… 9
2.3　含油污水现有处理技术…………………………………………… 14
2.4　吸附理论概述……………………………………………………… 16
2.5　难降解有机物的吸附机理研究…………………………………… 20
2.6　本章小结…………………………………………………………… 22

3　实验煤样理化性质……………………………………………………… 23
3.1　煤样制备及其工业分析…………………………………………… 23
3.2　化学组成分析……………………………………………………… 24
3.3　表面含氧官能团分析……………………………………………… 30
3.4　孔隙结构分析……………………………………………………… 32
3.5　热重-气相色谱/质谱联用研究 …………………………………… 54
3.6　本章小结…………………………………………………………… 57

4　实验焦化废水理化性质………………………………………………… 59
4.1　样品来源…………………………………………………………… 59
4.2　常规水质分析……………………………………………………… 59
4.3　废水中有机物组成检测…………………………………………… 62
4.4　本章小结…………………………………………………………… 64

5　煤的静态吸附性能研究………………………………………………… 65
5.1　实验部分…………………………………………………………… 65

5.2 煤的吸附性能研究 …… 78
5.3 混合有机物的吸附实验 …… 88
5.4 本章小结 …… 89

6 煤吸附过程的热力学及动力学研究 …… 90
6.1 吸附热力学研究 …… 90
6.2 吸附动力学研究 …… 111
6.3 本章小结 …… 120

7 煤的动态吸附性能实验研究 …… 122
7.1 实验方法及装置 …… 122
7.2 穿透曲线 …… 123
7.3 吸附性能实验 …… 127
7.4 本章小结 …… 129

8 煤吸附机理及特性研究 …… 130
8.1 煤吸附有机物的特性分析 …… 130
8.2 煤吸附有机物的净化机理 …… 138
8.3 本章小结 …… 141

9 煤吸附净化法的应用 …… 142
9.1 煤吸附净化法在焦化废水中的应用 …… 142
9.2 煤吸附净化法在含油废水中的应用 …… 147
9.3 本章小结 …… 153

10 主要结论、创新点和展望 …… 155
10.1 主要结论 …… 155
10.2 创新点 …… 156
10.3 研究展望 …… 157

参考文献 …… 158

1 引 言

1.1 研究的意义

随着我国经济的快速发展，工业废水产生量日益增加，给水资源、生态环境和居民健康造成很大压力，其治理一直是我国科学研究重点之一。

水体颗粒物与难降解有机物是当前工业废水处理中影响广泛、危害严重的污染物，它们在一般概念中是两类不同的水质污染物，实际上彼此密不可分，是污水处理中的难题，因此备受环境科学和环境工程领域关注。它们在水体中的形态结构、迁移转化过程、生态效应，在废水处理工艺中的净化机理、高效处理技术、处理工艺强化等，都是当前国内外环境科学与工程的研究前沿与焦点课题。

含水体颗粒物与难降解有机物比较有代表性的两种污水是焦化废水和含油废水，前者主要含有难降解有机物，后者主要含烃类有机物（油滴）和水体颗粒物（固体悬浮物）等，二者的共同特点是含有大量的有机物。

焦化废水是在煤炼焦、煤气净化、化工产品回收和化工产品精制过程中产生的，是一种成分极其复杂、污染物浓度高、毒性大、难处理的工业有机废水。废水中含有数十种无机和有机化合物，其中无机化合物主要是大量氨盐、硫氰化物、硫化物、氰化物等。研究[1-4]表明，焦化废水中含有大量难降解大分子有机物，除苯酚外，还有萘、吡啶、喹啉、蒽、苯并（a）芘等芳香化合物和稠环芳烃化合物等，其中喹啉、吡啶、萘、吲哚等物质虽然含量较低，但对人和动植物具有较大的毒性。Stamoudis 等[5]研究表明用活性污泥法很难去除焦化废水中带烯烃基的吲哚和某些烷基吡啶等大分子有机物，Wang 等[6]研究表明微生物法很难去除焦化废水中吡啶、吲哚和喹啉等大分子有机物。

含油污水主要包括采油废水、钻井污水、井下作业污水、洗井回水、将含盐量较高的原油用清水洗盐后的污水、联合站内各种原油储罐的罐底水、油区站场周边的工业废水等，是一种含有固体杂质、液体杂质、溶解气体和溶解盐类等较复杂的多相体系[7]。这类污水中的主要污染物为油、固体悬浮物、溶解状有机化合物及细菌等，有的还含有对人体有害的重金属元素，如砷、铬等[8]。含油污水的典型特点有：油、水密度差值小，水中悬浮固体含量高、颗粒粒径小，细菌含量高，有机物含量高。

目前在有机废水的处理中，生化法及吸附法是最常见的方法。焦化有机废水经生化处理后的尾水仍然含难降解有机物，如萘、吡啶、喹啉、蒽、苯并(a)芘等芳香化合物和稠环芳烃化合物，需进一步净化处理；含油污水中的乳化油及溶解油由于粒径很小且性质十分稳定，需采用化学破乳法、生化法或吸附法联合才能有效去除。

吸附法是深度处理有机废水的重要方法，对工业有机废水各种有机物都有较好的处理能力，但也存在吸附剂成本高、吸附后污染物难处理等问题，因而需要寻找合适的吸附剂、改进吸附法处理工艺。煤作为一种廉价易得的材料，具有复杂的孔隙结构，存在较大的比表面积，具备吸附剂的基础特性，为此，研究者们提出了处理有机废水的煤吸附净化法。

1.2 研究内容、方法及技术路线

1.2.1 研究内容

本书研究使用煤作为吸附剂吸附处理焦化废水、含油废水等有机废水，一方面净化废水，为后续废水的生物处理提供更合适的条件，另一方面还能实现有机废水中颗粒物和难降解有机物的循环利用。利用煤作为吸附剂的优势在于煤一次性使用，吸附回收后仍可用于炼焦、燃烧或制备水煤浆，使用价值没有减少，因此在社会效益、经济效益和环境效益各方面都具有积极意义。

本书以实验测试、机理分析和模型计算相结合的方式对3种不同变质程度的煤炭(褐煤、焦煤和无烟煤)吸附焦化废水中难降解有机物(喹啉、吡啶、吲哚和苯酚)的吸附类型、吸附过程和吸附机理进行了系统研究，提出了工业有机废水的煤吸附净化法，并对其在焦化废水和含油废水中的实际应用进行了探索研究，为煤吸附法的工艺开发和工业应用提供理论指导。

1.2.2 研究方法

(1) 煤和焦化废水的理化性质研究。

① 通过对煤炭的元素组成、物相组成、微观形貌、比表面积、孔径、比孔容积等指标的检测，确定其物化性质和表面特性，分析煤炭结构对其吸附性能的影响。

a. 通过X射线荧光光谱仪(XRF)对煤炭的元素组成进行分析。

b. 运用X射线衍射仪(XRD)对煤炭的矿物组成进行分析。

c. 运用扫描电镜(SEM)对不同粒径煤炭的微观形貌进行分析。

d. 采用红外吸收光谱仪(FTIR)和 Boehm 滴定法对煤样的化学结构和官能团含量进行研究分析。

e. 采用 BJH 法、H-K 法、*t*-plot 法及 D-R 法分析煤样的孔容、孔径分布特征。

f. 运用热重-气质联用仪(TG-GC/MS)分析煤炭的热稳定性及热解组分。

g. 运用 BET 全自动气体吸附分析仪分析煤炭的比表面积、孔径分布和孔容积等。

② 通过对焦化废水中无机物组成、有机物组成、pH 值进行检测分析,确定焦化废水中各组分含量。

a. 通过紫外分光光度计法,对焦化废水进行常规水质分析,确定焦化废水的 COD、BOD 值,油分,苯酚、氨氮、硫化物、氰化物等组分含量。

b. 通过气相-液相色谱(GC/MS)分析,确定焦化废水中有机物组分及其含量。

(2) 煤对焦化废水中有机物的吸附性能及规律研究。

分别进行静态吸附实验和动态吸附实验来考察 3 种煤样吸附处理焦化废水中有机物的性能,并通过对不同煤种的吸附性能和吸附规律进行对比研究分析,得到其吸附规律并确定最佳吸附条件。

① 通过静态吸附实验,考察煤粉的投加量、振荡吸附时间、有机物初始浓度、溶液 pH 值、吸附温度等因素对复配焦化废水中苯酚、吡啶、喹啉和吲哚等难降解有机物的吸附变化规律。

② 通过动态吸附实验,考察流速、有机物初始浓度、吸附柱个数等因素对焦化废水中苯酚、吡啶、喹啉和吲哚等难降解有机物的动态吸附影响规律,确定最佳动态吸附条件,建立动态吸附模型,对吸附穿透曲线进行计算预测和分析。

(3) 煤吸附有机物的机理研究。

从吸附热力学和吸附动力学对煤吸附有机物的吸附类型、过程及机理进行研究分析,建立合适的吸附热力学模型和吸附动力学模型。通过对吸附前后的煤炭进行傅立叶变换红外光谱(FTIR)、扫描电镜(SEM)和光电子能谱(XPS)测试分析,结合吸附实验的数据分析,对其吸附机理进行研究推理。

① 根据吸附时间条件实验结果,运用准一级、准二级动力模型及颗粒内部扩散模型、班哈姆(Bangham)模型,建立合适的吸附速率方程和吸附动力学模型,并对吸附速率、吸附活化能进行计算和分析研究。

② 根据等温吸附实验结果,运用 5 种方程建立不同的等温吸附线模型,计算不同变质程度的煤炭对焦化废水喹啉吸附的热力学函数值 $\Delta H^{\ominus}$、$\Delta G^{\ominus}$ 及 $\Delta S^{\ominus}$,考察吸附过程的热力学函数和热力学特性,确定吸附类型。

③ 通过 FTIR、SEM 和 XPS,对比不同变质程度的煤炭吸附前后的变化,对

其吸附类型、吸附过程及吸附机理分别进行研究。

(4) 煤吸附净化法在焦化废水和含油废水中的应用。

1.2.3 技术路线

本书技术路线如图 1-1 所示。

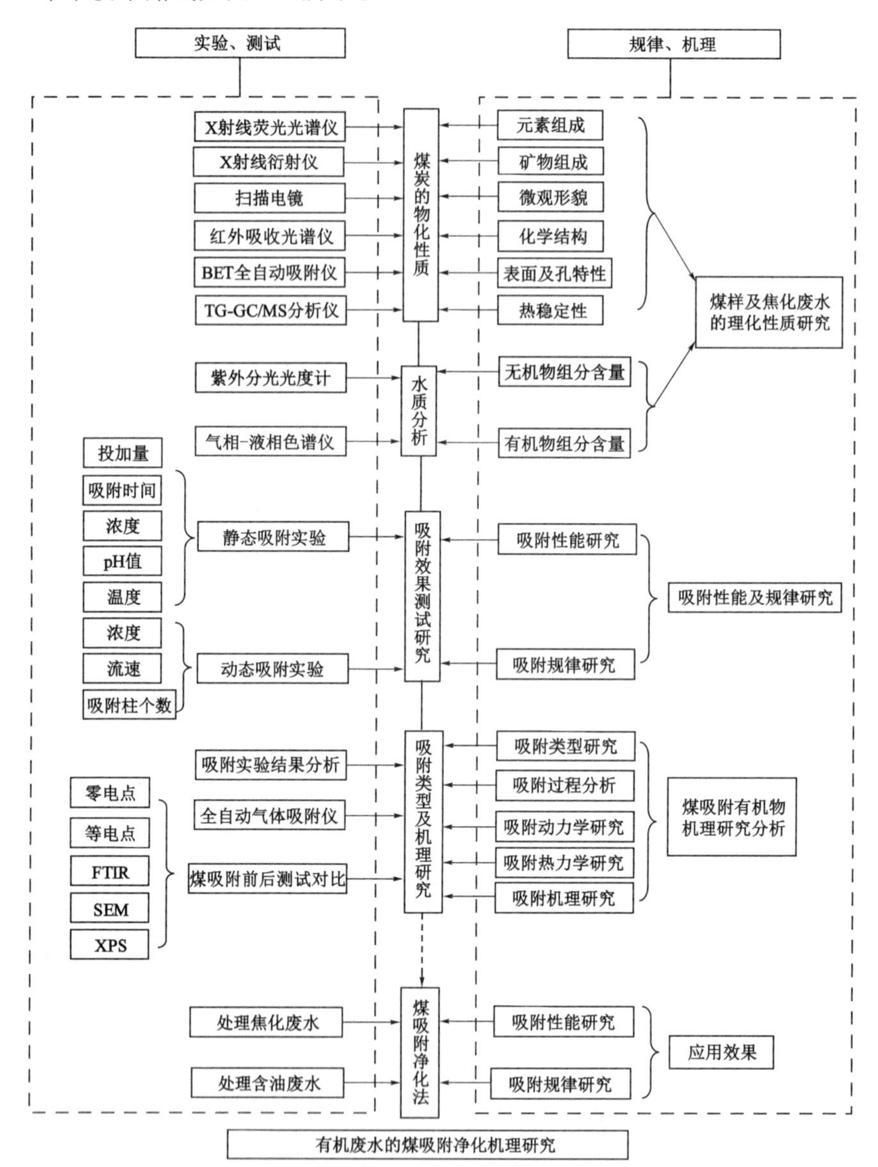

图 1-1 本书研究采取的技术路线

2 研究现状

2.1 焦化废水和含油废水的来源及水质特点

2.1.1 焦化废水的来源及水质特点

焦化废水是在煤炼焦、煤气净化、化工产品回收和化工产品精制过程中产生的,是一种含有多种有毒有害物质的高浓度有机废水,其组成和性质与原煤煤质、碳化温度、生产工艺和化工产品回收方法密切相关。

2.1.1.1 焦化废水的来源

焦化废水主要是炼焦煤带入炼焦工艺过程中的水分,另外还有少部分冷却或除尘添加水。焦化生产过程中主要产生以下几种废水:

(1) 间接冷却水

指化工产品蒸馏的间接冷却水,苯与焦油精制过程中间接加热用的蒸汽冷凝水等均属于间接冷却水。这类废水虽然水温较高,但不含污染物质,可重复使用或直接排放。

(2) 除尘洗涤水

主要是炼焦煤在储存、运输、破碎和加工过程中的除尘洗涤水,焦炉装煤或出焦时的除尘洗涤水,焦炭转运、筛分和加工过程中的除尘洗涤水。这类废水主要含有高浓度悬浮固体(煤屑、焦炭颗粒物),一般经澄清处理后可重复使用。

(3) 酚、氰废水

这类废水来源于焦油车间和化工产品回收精制车间。主要包括下述几种:

① 蒸氨废水,即集气管氨水喷淋后汽水分离器焦油氨水与初冷器(间接冷却)冷凝水(含焦油和氨)。它们经焦油氨水分离器分离后,焦油送焦油车间处理,氨水排入氨水罐,循环使用于焦气管的喷淋冷却。由于煤料中含有水分(选煤夹带水约10%),在炼焦过程中挥发逸出,以及煤料受热裂解会析出化合水(约2%),因此,氨水循环系统会产生多余的氨水,即剩余氨水。剩余氨水含有高浓度的氨、酚、氰、硫化物和有机油类,经回收后由蒸氨塔排出。蒸氨废水含

酚、氰化物、焦油、硫化物等。

② 焦油车间废水。对于焦油,常用精馏法将其中的轻馏分、中馏分、重馏分、洗油馏分、蒸馏分以及沥青初步分开,然后用酸、碱洗涤分离出粗酚、吡咙等,同时间断排放含油、含酸的高浓度废水。这些废水不能直接排放,应先回收酚,然后送蒸氨塔蒸氨后排出。

③ 粗苯分离水。洗苯塔底部排出的洗油(煤焦油在 230～300 ℃)的馏分(因富含粗苯,常称富油)在脱苯塔回收并提取粗苯时,需直接通入蒸汽,蒸汽冷凝,与产品分离,然后从分离器排出。粗苯分离水的酚、苯、氰化物和氨的含量均很高。

④ 苯精制废水。粗苯精制过程中的初馏塔、粗苯塔、纯苯塔和纯苯残液精馏等工序均需直接通入蒸汽,蒸汽经冷凝后从分离器排出。苯精制废水的酚、苯、氰化物和氨的含量均很高。

⑤ 煤气终冷排水。煤气进入洗苯塔前需用水直接冷却和洗涤,以去除氰化物、萘等对苯回收工艺有害的物质。终冷水除苯冷却后循环使用。为改善循环水水质,需经常排放循环水,排水的酚、洗油和氰化物含量较高。

2.1.1.2　焦化废水的水质特点

由焦化废水的来源可知,其成分十分复杂,据报道焦化废水所含溶解性有机物和无机物有 200 多种[9]。废水呈深棕色,主要含酚、氰化物、苯、氨氮、焦油和硫化物等有毒有害物质,还含少量萘、吡啶、喹啉、吲哚、蒽、咔唑以及一些以盐类形式存在的无机物。

研究学者对焦化废水的组成进行了研究。何苗等[10]对某焦化废水进行了GC/MS 分析,共检出有机物 51 种,全部属于各类芳香族化合物及杂环化合物,见表 2-1。所检出的 51 种有机物可以归纳为 14 类物质,其中苯酚类及其衍生物、喹啉类化合物和苯类及其衍生物是焦化废水的主要有机污染物,另外还含少量萘、吡啶、喹啉、吲哚、蒽等 11 类化合物。

表 2-1　焦化废水的有机物组成[10]

物质名称	所占质量百分比/%	所占 TOC 浓度/($mg \cdot L^{-1}$)	物质名称	所占质量百分比/%	所占 TOC 浓度/($mg \cdot L^{-1}$)
苯酚	29.77	94.070	喹啉	5.26	16.620
甲基苯酚(间+对+邻)	13.40	42.340	异喹啉	2.63	8.311
二甲酚(3,4、3,5-二甲酚)	9.03	28.530	甲基喹啉	2.92	9.223
			羟基喹啉	0.32	1.011

表 2-1(续)

物质名称	所占质量百分比/%	所占 TOC 浓度/(mg·L^{-1})	物质名称	所占质量百分比/%	所占 TOC 浓度/(mg·L^{-1})
间苯二酚	2.80	8.848	C_2 烷基喹啉	0.59	1.864
4-甲基邻苯二酚	3.05	9.638	C_1 烷基喹啉	0.70	2.212
2,3,5-三甲基苯酚	2.03	6.415	喹啉酮	0.17	0.537
苯甲酸	0.51	1.612	三联苯	0.92	2.907
乙苯	5.77	18.230	吩噻嗪	0.84	2.654
苯乙氰	0.67	2.117	C_4 烷基芘	0.12	0.380
2,4-环戊二烯-1-次甲基苯	0.31	0.980	邻苯二甲酸酯	0.20	0.632
			吡啶	1.26	3.982
甲基苯	2.22	7.015	苯基吡啶	0.54	1.706
二甲苯	1.58	4.993	C_2 烷基吡啶	0.18	0.569
苯乙烯酮	0.04	0.126	氰基吡啶	0.05	0.158
吲哚	1.14	3.602	甲基吡啶	0.14	0.442
蒽	0.98	3.097	C_4 烷基吡啶	0.25	0.790
蒽腈	0.11	0.348	呋喃	0.65	2.054
菲	0.34	0.442	苯并呋喃	0.74	2.338
咪唑	0.89	2.812	二苯并呋喃	0.28	0.885
苯丙咪唑	0.71	2.244	苯丙噻吩	0.54	1.706
吡咯	1.23	3.886	咔唑	0.95	3.002
二苯基吡咯	0.06	0.190	萘	1.05	3.318
联苯	1.17	3.697	甲萘基氰	0.11	0.348
萘酚	0.13	0.411	2-甲基-1-异氰化萘	0.16	0.506
C_5 烷基芘	0.25	0.790			
噻吩	0.82	2.710	苯并喹啉	0.88	2.830
合计				100.00	316.000

注:TOC 浓度指总有机碳浓度,是以碳的含量表示水中有机物的总量。

从焦化废水的有机物组成来看焦化废水是典型的有毒难降解工业废水,具有以下特点:

① 废水的成分很复杂,不仅有多种有机物,还有大量以铵盐、硫化物、氰化物等形式存在的无机物[11-12];

② 废水中的污染物浓度较大,有机物含量高,但 BOD/COD 的值却很小,一

般在 0.3～0.4，可生化性较差；

③ 焦化废水缺少磷源，生物处理时微生物磷营养不够；

④ 焦化废水含有大量的酚、氰等毒性物质，还有很多稠环芳烃和杂环化合物（如吲哚、蒽、吡啶、喹啉等）等难降解有机物，经传统生物处理后很难达到排放标准；

⑤ 焦化废水的水质受炼焦工艺影响很大，尤其是氨氮浓度，一般在 100～600 mg/L 波动，对处理系统的冲击很大；

⑥ 由于各个焦化厂焦化工艺的不同，焦化废水的水质和水量也会有所不同。

焦化工业废水中有害、有毒污染物种类繁多、成分复杂，特别是一些剧毒物质和致癌物质更是危害极大。剧毒物质包括一些氰化物和硫氰化物，通过反应可以转化为致死毒物 HCN。废水中部分多环芳烃和杂环化合物，如不经处理直接排放水体，会使水生生物中毒甚至死亡，若灌溉农田会使作物减产或枯死，而人饮用被其污染的水或食用含这些毒物的鱼类和农作物，则会引起慢性中毒，出现头晕、呕吐、无力和贫血等症状，致癌和致突变，危害人体健康[13]。焦化废水导致土壤污染也成为重要的环境问题，土壤污染不仅直接影响农作物的生长和产量，而且污染物会被作物吸收、残留，通过食物链危害人类和动物健康。

焦化废水的污染问题已引起各国政府的高度重视。美国环保署把苯酚列入优先治理的污染物。我国在完成“中国环境优先监测研究”的基础上，提出了“中国环境优先污染物黑名单”，其中酚及其衍生物被列为优先监测和优先治理的主要污染物。目前采用活性炭吸附法和微生物法进行焦化废水处理的研究比较多，但活性炭吸附法存在处理成本比较高且活性炭再生困难的缺点，微生物法又存在处理效率低和处理量较小的弊端。我国是焦炭生产大国和出口大国，研究和开发处理成本低且高效的焦化废水处理技术，是我们面临的非常重大的课题。

2.1.2 含油污水的来源及水质特点

采油废水、钻井污水、井下作业污水、洗井回水、将含盐量较高的原油用清水洗盐后的污水、联合站内各种原油储罐的罐底水、油区站场周边的工业废水等，是油田含油污水的主要构成，包含固体杂质、液体杂质、溶解气体和溶解盐类等。

含油污水具有以下特点：① 油、水密度差值小，其中油类物质密度一般都小于 1.00×10^{-3}kg·m^{-3}；② 水中悬浮固体含量高、颗粒粒径小；③ 细菌含量高；④ 有机物含量高；⑤ 矿化度高。根据含油污水的组成及其特点，油含量、化学需氧量（COD）和固体悬浮颗粒（SS）含量是含油污水处理后出水水质的主要评价指标。

含油污水的主要污染物为油、固体悬浮物、溶解状有机化合物及细菌等，有的含有对人体有害的重金属元素,如砷、铬等。油在污水中的赋存状态多样,根据油粒直径大小,可分为浮油、分散油、乳化油和溶解油4种类型[14],其中分散油、乳化油和溶解油在动力学上具有一定的稳定性,较难处理。

(1) 浮油:进入水体的油通常以浮油形式存在,例如炼油厂污水中浮油占总含油量的60%~80%,油粒直径较大,一般大于100 μm,静置后能较快上浮,以连续相漂浮于水面,形成油膜或油层。

(2) 分散油:粒径为10~100 μm的微小油粒,悬浮分散于水相,不稳定,如有足够的时间静置,会聚集合并成较大的油粒上浮到水面,也可能变小,转化成乳化油。

(3) 乳化油:粒径为0.10~10 μm的油粒,稳定分散在水中,单纯用静置法很难使其与水分离。这是由于油粒表面存在双电层或受乳化剂的保护而妨碍了油粒的合并,使其能长期保持稳定的状态。乳化油须先经过失稳(破乳)处理,转化为浮油,然后再加以分离。

(4) 溶解油:油粒以分子状态分散于水体中,直径比乳化油还小,有时可小至纳米级,油和水形成均匀相体系,非常稳定,很难用一般技术去除。

另外,含油污水中还存在其他杂质,主要包括以下几种:① 悬浮固体,其颗粒直径为1~100 μm,主要包括泥沙、有机物、细菌以及沥青质类和石蜡等重质油类;② 胶体,粒径为1×10^{-3}~1 μm,主要由腐蚀结垢产物和微细有机物构成;③ 溶解物质,主要指在污水中处于溶解状态的低分子及离子物质,包括溶解在水中的无机盐类和溶解气体。溶解在水中的无机盐类粒径在1×10^{-3} μm以下,基本以阳离子和阴离子的形式存在,如Ca^{2+}、Mg^{2+}、Fe^{2+}、K^{+}、Na^{+}、CO_3^{2-}、Cl^{-}、HCO_3^{-}等;溶解的气体,如溶解氧、二氧化碳、硫化氢、烃类气体等,其粒径一般为$(3\sim5)\times10^{-4}$ μm。

2.2 焦化废水现有处理技术

近几年,各种焦化废水处理技术的研究十分活跃。焦化废水的有机组分除85%的酚类化合物以外,还包括杂环类化合物、多环类芳香族化合物等。一般来说,酚类化合物比较容易被生物降解,而杂环类化合物、多环类化合物等则难以被生物降解。

焦化废水中的有机物可分为易降解有机物、可降解有机物和难降解有机物3类。吡啶、咔唑、三联苯、烷基苊、吲哚、苯并咪唑、吩噻嗪和喹啉等均属于难降解有机物。难降解有机物是指微生物不能降解,或在任何环境条件下不能以足够快的速度降解以阻止它在环境中积累。难降解有机物很难在生物处理构筑物中得到去除，而且还会影响其他化合物的去除效果，它们在环境中长期积累，不仅污染环境，而且影响人类生活，损害人类健康。

在焦化废水中，杂环类化合物主要为含氮杂环化合物，包括苯酚、吡啶、喹啉和吲哚等，多环类化合物主要有苯并(a)芘、萘、菲等。正是这些难降解物质的存在，使焦化废水经普通活性污泥法或物理方法处理后出水水质不能达到国家规定的排放标准。

2.2.1 膜分离技术

膜分离技术是近二三十年发展起来的，与常规分离方法相比，膜分离过程具有能耗低、单级分离效率高、工艺简单和不污染环境等特点[15-16]。膜分离技术主要包括微滤(MF)、超滤(UF)、纳滤(NF)、反渗透(RO)和电渗析等。近年来这些技术在难降解有机物的去除上应用愈来愈广泛。冯永凌等[17]采用壳聚糖超滤膜处理印染废水(含有大量难降解有机物)取得了较好的处理效果，其COD去除率可达80%左右，脱色率超过95%，用膜进行超滤处理三硝基甲苯(TNT)时可有88%的去除率；喻胜飞等[18]制备了用活性炭填充共混的改性壳聚糖超滤膜，经适当交联后，所制得的壳聚糖活性炭共混超滤膜，用于酸性红染料废水的分离脱色具有良好的分离脱色效果和良好的渗透性，最大脱色截流率达98.8%。

近年来，纳滤技术用于处理难降解有机物已有报道。纳滤技术因膜孔径在纳米级而得名，它适合截留相对分子质量大于200的物质，而使低价盐和水透过膜，所以纳滤膜可以截流大分子量且难以降解的染料[19]。

从国内外的研究进展情况看，将膜分离技术与绿色氧化技术、生物技术联合用于难降解有机物的处理是一个颇有前途的研究及应用方向。

2.2.2 物化技术

物化法是一种高效的方法，它具有易操作、效率高、占地面积小等优点，对焦化废水中难降解有机污染物的处理有着广泛的应用前景。

乌锡康[20]的研究表明：对沸点较低的化合物可用蒸馏法回收处理，如对含有硝基苯、对氯硝基苯、邻氯硝基苯的混合液经中和后进行蒸馏处理，可在蒸出液中获得高浓度硝基苯溶液，硝基苯的去除率可达90%以上。

赵洪等[21]研究了吡啶在 TiO_2 悬浮体系中的光催化降解动力学模型，结果显示，吡啶的光催化降解反应符合一级反应动力学方程，反应速率常数为 3.004 mg·min^{-1}，最适 pH 值为 5。于丽华等[22]以钛酸四丁酯为原料、Al_2O_3 为载体，用溶胶-凝胶法制备负载型 TiO_2，以 30 W 医用杀菌灯为光源，在 UV-TiO_2 体系中对吡啶进行光催化降解，光催化降解反应符合一级动力学方程，吡啶中氮转化成氨氮。Zhao 等[23]报道了臭氧对 UV-TiO_2 体系降解吡啶的影响，发现臭氧的引入大大提高了吡啶的去除率。

Wang 等[24]在 O_3/UV 对喹啉的降解中发现羟基自由基是喹啉降解的主要氧化剂，由氧化引起的喹啉总去除率占总去除率的 88%，提高体系中羟基自由基(OH·)浓度有利于提高总降解速率。An 等[25]对喹啉在新型三维电极-光催化反应器中的降解进行了研究，喹啉降解速率常数受到初始 Cl^- 浓度、实际电压、曝气量和 pH 值等因素的影响。方喜玲等[26]研究了两种多相体系 TiO_2/H_2O_2/UV 和 TiO_2/O_3/UV 对喹啉降解速率的影响，结果表明：在 TiO_2/H_2O_2/UV 体系里喹啉降解速率先随 H_2O_2 投加量的增加而提高，但超过一定浓度之后便开始下降；在 TiO_2/O_3/UV 体系中，喹啉的降解反应速率非常快，且 O_3 浓度高的时候降解速率更快；TiO_2 催化剂在 TiO_2/O_3/UV 体系中作为积极因素有助于提高反应速率，而在 TiO_2/H_2O_2/UV 体系是消极因素，会降低反应速率。

古昌红等[27]研究了超声波法降解模拟焦化废水中的吡啶，通过单因素实验研究了初始浓度、溶液 pH 值、超声辐射时间及吸附温度等对降解效果的影响及规律，得到的结论有：降解速率随着吡啶初始浓度的增大而减小；不同初始浓度吡啶溶液的降解率都随超声辐射时间的提高而增大；提高吸附温度和碱性条件都有利于吡啶降解；超声辐射时间越长，溶液体系的电导率就越大。傅敏等[28]研究了超声波法降解模拟焦化废水中的吲哚，并初步研究了超声波与电化学协同作用下吲哚的降解效率及规律，得到的结论有：超声处理吲哚的降解规律符合一级反应；降解速率随着处理时间的增加而增大；吲哚初始浓度越低其降解率越大；随着 pH 值的增大，降解率先增大后减小，在 pH=8 左右降解率最大；降解率随超声功率的增大而增大，在 120 W 左右达最大值，随后逐步降低；加入 1.5 mmol·L^{-1}的 H_2O_2，对吲哚的降解有较大的促进作用。古昌红等[29]报道了在微波辐射作用下用 ACF 处理吲哚溶液，3.5 min 吲哚去除率即可达 98%，微波辐射不能使吲哚发生降解，其作用是使 ACF 的孔隙结构发生变化，增加其吸附能力。

Thomsen[30]研究了喹啉的湿式氧化动力学和反应机理，结果显示：在 240 ℃以上湿式氧化条件下，喹啉可以被分解，中性或酸性条件可以加速喹啉的反应；喹啉的初始反应依靠溶液中的羟基自由基；当喹啉被降解 35%以上时，喹啉的中间产物主要为烟酸(Nicotinic Acid)；乙酸在喹啉初始氧化阶段形成，可进一步氧化为琥珀酸、甲酸、草酸或葡糖酸等。Wang 等[31]研究了微生物降解，喹啉初始浓度在 50～500 mg·L^{-1}时，其降解过程符合零级反应速率方程。

2.2.3 生化技术

生化技术是去除废水中难降解有机物的经典方法，它的应用较广泛，处理工艺也越来越多。

Grifoll 等[32]的研究结果表明，白腐菌对芳香族环境污染物有非专一性降解现象，一种白腐菌可以降解数量众多的单基质或混合基质的芳香族环境污染物，而一种芳香族环境污染物也可以被多种白腐菌降解。焦化废水含氮量高、可生化性差、pH 值变化大，这些条件使得其他微生物生长不好，但却可以促进白腐菌降解芳香化合物酶系的产生和其活性的提高[33]。任大军等[34]采用土豆、秸秆等不同培养基培养出白腐菌，进行对焦化废水中喹啉降解的研究，结果表明：秸秆滤出液培养基能促进白腐菌漆酶酶系的产生和活性的提高，对喹啉去除率可达到 89%。

相关研究表明[14]，虽然活性污泥等生化法可以去除大部分酚和氰，但对降低 COD 和去除吡咯、萘、呋喃、咪唑、砒啶、咔唑、联苯、三联苯等难降解有机物的效果并不令人满意，出水很难达到排放标准。为改善出水水质，许多国内焦化厂采用了延时曝气的处理方法。延时曝气虽然可以提高对酚类等易降解物质的去除率，但对喹啉、异喹啉、吲哚、吡啶、联苯等难降解物的去除效果并不理想。根据张晓建、何苗等的研究[35-36]，当进水 COD 为 1 300 $mg \cdot L^{-1}$时，曝气池水力停留时间为 72 h 的条件下，出水 COD 仍为 246 $mg \cdot L^{-1}$，说明焦化废水中含大量的难降解物质，仅靠延长曝气时间无法达到排放标准。部分焦化厂常采用强化微生物法，如向曝气池中投加铁盐或活性炭。投加铁盐虽能提高 COD 降低率，但同样增加了排泥量，产生污泥处理的问题。

2.2.4 氧化技术

近年来，氧化处理难降解有机物取得了显著进展。废水处理氧化技术主要是运用湿式催化氧化、超临界水氧化、光催化氧化、无毒药剂催化氧化、电化学氧化、化学氧化与生物氧化相结合等手段处理废水的技术。

1981 年，Mill 等[37]研究了水-乙腈溶液中苯并[a]芘等在太阳光下的光降解，发现苯并[a]芘的主要光解产物为 3,3-苯醌和 1,6-苯醌及微量的 1,12-苯醌，同时测定了苯并[a]芘在 313 nm 和 366 nm 波长光照下光降解量子的产率和半衰期。1991 年，王连生等[38]研究了萘等 17 种多环芳烃类物质在甲醇-水和乙腈-水溶液中的光降解，发现大多数多环芳烃类物质的光降解速率与其极谱氧化电位成反比，并用电荷转移复合物的形成、解离和单重态氧氧化机理解释了温度高、助溶剂极性强会加快光降解速率的效应。一般认为，助溶剂极性越强，多环芳烃类物质光降解速率越快。2002 年，An 等[39]研究了全氟表面活性剂

(PFS)对菲和芘直接光降解或 UV/H_2O_2 光降解的影响,发现 PFS 能抑制菲的直接光降解,但促进芘的直接光降解;在 UV/H_2O_2 体系中,多环芳烃类物质在水及 PFS 溶液中的光降解速率都大大增加,这表明 H_2O_2 光降解生成了羟基自由基(HO·),并且进入了胶束中。

Campanella 等[40]研究了直接用微波辐射溶液降解几种多环芳烃污染物,并与光降解进行了比较,实验表明在相同照射时间条件下,微波辐射明显优于模拟日光辐射,而且二者协同照射与单独微波辐射相比污染物的降解率无明显变化,说明微波辐射优于日光辐射。分析认为,这是因为微波辐射使污染物分子高速旋转,从而对分子产生强烈的刺激作用并削弱某些化学键甚至使其断裂。

臭氧氧化法对去除多环芳烃物质有较好的效果,水溶液中 4 $g \cdot L^{-1}$ 的苯并[a]芘用 25 $mg \cdot L^{-1}$ 臭氧处理 3 min,则其残余量为 0.06 $g \cdot L^{-1}$;用 45 $mg \cdot L^{-1}$ 的臭氧处理 5 min,则残余量为 0.04 $g \cdot L^{-1}$。增加臭氧浓度,延长作用时间,可以提高去除率,但残余量总不会低于 0.02 $g \cdot L^{-1}$。含萘废水可用湿式氧化法处理,如在 130~250 ℃、6~11.2 MPa 条件下,10 min 内可去除 98%的萘,其降解产物不是二氧化碳,而是邻苯二甲酸酐。此外,李庭刚等[41]研究了渗滤液中有机化合物在电化学氧化和厌氧生物组合系统中的降解,结果表明,多环芳烃类物质萘在电化学处理系统中可得到基本去除,这为电化学方法应用于焦化废水中多环芳烃类物质的降解提供了依据。

2.2.5 吸附技术

吸附法处理废水,就是利用多孔性吸附剂表面有吸附水中溶质及胶质的能力,吸附废水中的一种或多种溶质,使废水得到净化[42]。常用吸附剂有活性炭、磺化煤、吸附树脂、矿渣、硅藻土等。这种方法处理成本高,吸附剂再生困难,不利于处理高浓度废水。

吴健等[43]在原生物脱酚设备的基础上,用向二沉池中投加絮凝剂和新增焦炭、活性炭吸附塔等设备的方法对焦化废水进行深度处理,使废水中的 COD 去除率达到 80%~90%。彭娟等[44]研究了改性煤渣与磁性 Fe_3O_4/改性炉渣复合物之间吸附性能的差异,发现磁性 Fe_3O_4/改性煤渣复合物对 Cr^{6+} 有较好的吸附效果。肖前斌等[45]研究得到粉煤灰经化学表面改性后,其对 Cu^{2+}、Ni^{2+}、Cr^{6+} 的吸附能力和吸附速率均得到提高。杨晓霞等[46]探究了改性煤焦对苯甲酸的吸附实验,改性煤焦吸附苯甲酸符合准二级动力学模型,吸附过程属于放热熵减、逆过程自发进行的过程。程伟玉等[47]研究表明,当改性剂 H_2SO_4 浓度为 1.5 $mol \cdot L^{-1}$时,煤渣的吸附性能最佳,改性煤渣/煤渣对 F^- 的吸附过程均符合朗缪尔等温吸附模型,属于单分子层吸附;当煤渣投加量为 20 $g \cdot L^{-1}$[煤渣

(g)与含氟溶液体积(mL)比为1∶50],pH值为5,F^-初始浓度为400 $mg \cdot L^{-1}$时,吸附过程最快达到吸附平衡,吸附平衡时F^-的去除率为78.36%。

吸附技术还可与其他方法连用。徐革联等[48]分别对粉煤、焦粉、活性炭、粉煤灰吸附处理焦化废水的性能进行了研究,发现在生化处理的同时投放少量吸附性物质,可提高不能被生物降解的有机物的脱除效率,污染物的脱除率随吸附性物质吸附能力的大小在20%~80%变化。张劲勇等[49]采用湿法熄焦产生的熄焦粉经干燥、粉碎、过筛、活化处理后,作为吸附剂对焦化生化处理后的外排废水进行吸附处理,COD降低率达64.3%,同时对废水具有相当好的脱色、脱臭效果。

蓝梅、宋蔚等[50-51]对粉末活性炭-活性污泥法(PACT)的研究进展进行了介绍:在曝气池中投加活性炭粉末,可使有机物被微生物氧化,还能被活性炭所吸附;污染物与微生物接触时间远大于停留时间,活性炭表面的污泥泥龄也较长,从而使难降解毒性有机物去除率提高;PACT法优于活性污泥法,提高了不可降解COD的去除率,出水水质得到较大改善。初茉等[52]进行了膨胀石墨吸附焦化废水中煤焦油的实验,结果表明,膨胀石墨作为处理焦化废水的一种新型、有效的吸附材料具有良好的应用前景。张兆春等[53]研究表明腐殖酸类物质长焰煤作为吸附剂对焦化废水中化学耗氧物质具有较快的吸附速率以及可观的吸附容量,可以对焦化废水进行深度处理。山西焦化厂采用生化-粉煤灰深度处理焦化废水的工艺技术,经处理后,除氨氮偏高外,COD_{Cr}、BOD_5值和挥发酚、硫化物、氰化物等污染物浓度均低于国家规定的允许排放标准,处理后的水60%被回用[54]。

活性炭吸附法可以达到较高的COD去除率,但活性炭本身价格昂贵,实际运行中每次的活性炭再生损失都超过10%,增加了处理废水的费用。

2.3 含油污水现有处理技术

目前,常用的含油污水处理技术主要包括物理化学法(吸附法、重力分离、过滤法、粗粒化法、膜分离、浮选法等)、化学破乳法(凝聚法、酸化法、盐析法)、生物化学法和电化学法等[55]。

2.3.1 物理化学法

物理化学法的重点是去除废水中的矿物质和大部分固体悬浮物、油类等,主要包括重力分离、离心分离、过滤、膜分离和浮选等[56]。

重力分离法是利用油水两相的密度差及油和水的不相容性进行分离的方法,属一级处理,主要去除粒径大于60 μm的浮油和分散油,以及废水中的大部分固体颗粒，乳化油则很难去除[57]。离心法常用来分离分散油，除油效率高、设备体积小，但对乳化油的去除效果不太好[58]，运行费用高。膜分离法是利用天然或者人工合成膜，以外界能量或者化学位差作为推动力，用物理截留的方式去除水中一定颗粒大小的污染物[59]，主要有微滤（MF）、超滤（UF）、纳滤（NF）和反渗透（RO）。浮选法主要用于处理粒径为 10～100 μm 的分散油、乳化油及细小的悬浮固体物，出水的含油浓度可降至 0.02～0.03 kg·m^{-3}[60]。气浮法具有处理量大、产生污泥量少和处理效率高等优点，但存在浮渣难处理的问题[61]。

2.3.2 化学破乳法

化学破乳法利用化学作用将污水中的污染物转化为无害物质，使污水得到净化，常用的方法有絮凝、盐析、氧化还原等。絮凝法是向污水中投加一定比例的絮凝剂，在污水中形成絮状物，使微小油滴吸附于其上，然后用沉降或气浮的方法将油分去除，但是多数絮凝剂会在污水中残留造成二次污染，不利于后续的净化工艺。氧化还原法一般是利用氧、臭氧、空气等氧化剂，通过各种物化和生化作用，使氧与水中有机物反应，将水中有机物有效地氧化为 CO_2、H_2O 等无害的小分子化合物，实现对废水的有效净化，但该法处理成本高，且对设备、反应条件的要求比较苛刻[62]。

2.3.3 电化学法

电化学法又叫电凝聚技术[63]，是用可溶性阳极（金属铁或铝）作为牺牲电极，通过电化学反应，阳极产生絮凝剂，同时阴极产生气泡，通过沉降或气浮去除絮凝体[64]。Murugananthan 等[65]考察了以可溶性金属铁、铝为阳极以及不溶性金属钛为阳极时的电气浮工艺处理效果，结果显示，以可溶性金属铁、铝为阳极时处理效果很好。分析原因是处理废水过程中可溶性电极反应生成了絮凝体，絮凝作用提高了电气浮工艺的处理效果。电化学法具有处理效果好、占地面积小、操作简单、浮渣量相对较少等优点，但是存在阳极金属消耗量大、需要大量盐类做辅助药剂、耗电量高、运行费用较高、单独使用较难达到排放要求等缺点[51]。

2.3.4 生物化学法

油是一种烃类有机物，利用微生物的新陈代谢等生命活动可以将其分解为二氧化碳和水。微生物对污水中石油烃类的降解是在加氧酶的催化作用下，将分子氧结合到基质中，先形成含氧中间体，再转化成其他物质，因此氧是降解有机污染物的重要因素。利用生物降解法处理含油废水具有成本低、投资少、无二次污染等优点，但存在处理效率低、底泥难处理等缺点。

常见的生化处理法有活性污泥法[66]、生物转盘法[67]、生物流化床法[68]、接触氧化法[69]和生物滤池法[70]等。含油废水中的有机物种类繁多，状态复杂，不易去除，因而，目前趋向于针对含油废水进行分离筛选优势菌种的研究，其中动胶菌的处理效果最好[71]。

2.3.5 吸附技术

吸附法是利用多孔性的固体物质，将一种或多种物质从液相迁移到固相表面的分离工艺。最常用的吸油材料是活性炭，它不仅对油有很好的吸附性能，可吸附污水中的分散油、乳化油和溶解油（小于 0.1 μm），而且能有效地吸附废水中的其他有机物。但是，由于活性炭的吸附容量有限（对油的吸附量一般为 0.03～0.08 $kg \cdot m^{-3}$），成本高，再生困难，一般用作含油污水多级处理的最后一级，出水含油质量浓度可降至 $0.10\times10^{-3}\sim0.20\times10^{-3}$ $kg \cdot m^{-3}$[72]。陈国华[73]提出将蛤喇壳粉进行有机改性后，用来去除水体中的乳化油，结果表明，除油率和 COD 去除率分别为 44%～98%和 52%～93%。吸附树脂是一种近几年发展起来的新型有机吸附材料，吸附性能好，再生容易，有逐步取代活性炭的趋势，但同样存在费用高的问题。因此，开发高效、经济的吸附剂是目前研究的重点。

2.4 吸附理论概述

2.4.1 吸附概念与分类

吸附是一种表面现象，是由于相界面力场的不饱和，使某一物质在相界面上的浓度与其在水体中浓度不同的现象。吸附技术就是利用多孔性固体吸附废水中某种或几种污染物，以回收或去除某些污染物。

溶质从水中移向固体颗粒表面，发生吸附，是水、溶质和固体颗粒三者相互作用的结果。引起吸附的主要原因在于溶质对水的疏水特性和溶质对固体颗粒的高度亲和力。溶质的溶解程度是吸附作用的第一个原因：溶质的溶解度越大，则向表面运动的可能性越小。相反，溶质的憎水性越大，向吸附界面移动的可能性越大。吸附作用的第二个原因主要由溶质与溶剂之间的范德华力、化学键力或静电引力所引起。与此相对应，可将吸附分为三种基本类型：物理吸附、化学吸附和离子交换吸附[74]。

吸附剂和吸附质通过分子力产生的吸附称为物理吸附。因为范德华力存在于任何两个分子之间，因而任何物质表面均能发生吸附，无选择性，可以是单分子层也可以是多分子层。这种吸附现象与吸附剂的表面积、细孔分布有密切关系。物理吸附的吸附热较小，一般为 0～20 $kJ \cdot mol^{-1}$；易解吸，为可逆过程；物理吸附没有选择性，一种吸附剂可以吸附多种物质；温度对物理吸附影响大，在低温时吸附量较高，反之，升高温度会解吸。

由剩余化学键力引起的吸附称为化学吸附，发生化学吸附时吸附质与吸附剂之间形成牢固的吸附化学键和表面络合物，吸附质分子不能在表面自由移动。化学吸附时放热量较大，与化学反应热相近，一般在 20～420 $kJ \cdot mol^{-1}$ 范围内。化学吸附是一种选择性吸附，其吸附性较稳定，即一种吸附剂只对某种或特定几种物质有吸附作用，一般为单分子层吸附，且不易解吸。在低温时，吸附速度小，吸附剂的表面化学性质和吸附质的化学性质对化学吸附有直接的影响[75]。

离子交换指溶质的离子由于静电引力聚集在吸附剂表面的带电点上，在吸附过程中，吸附一个吸附质的离子，吸附剂同时要放出一个等量的离子。离子的电荷是交换的决定因素。另外水合离子半径也是影响交换吸附的重要因素[76]。

在实际吸附过程中，上述几类并不是孤立的，往往相伴发生。物理吸附和化学吸附在一定条件下也是可以相互转化的。同一物质，可能在较低温度下进行物理吸附，而在较高温度所经历的往往又是化学吸附。在考虑吸附的过程时，强调以下两个方面：

① 热力学——体系最终平衡时吸附过程对界面能的影响，如等温吸附线等。

② 动力学——发生吸附过程的速度，包括吸附速度、吸附扩散过程等。

2.4.2 吸附热力学

吸附热力学主要研究吸附过程所能达到的程度问题，通过对吸附剂上吸附质在各种条件下吸附量的研究，得到各种热力学数据。等温吸附线是描述吸附过程最常用的基础数据线，不同的等温吸附线反映了吸附剂对吸附质的不同吸附机理。当温度保持一定时，绘制吸附量与浓度的关系，可以得到等温吸附线。

由于吸附剂表面性质、孔分布及吸附质与吸附剂相互作用的不同，实际的吸附实验数据非常复杂。Brunauer 等[77]在总结大量实验结果的基础上，将复杂多样的实际等温线归纳为 6 种类型（BDDT 分类）。这一分类也是目前 IUPAC 等温吸附线分类的基础，如图 2-1 所示[78]。

Ⅰ型的特征是吸附量有一极限值，可以理解为吸附剂的所有表面都发生单分子层吸附，达到饱和时，吸附量趋于定值。

Ⅱ型是非常普通的物理吸附，相当于多分子层吸附，吸附质的极限值对应于物质的溶解度。

Ⅲ型相当少见，其特征是吸附热等于或小于纯吸附质的溶解热。

Ⅳ型及Ⅴ型反映了毛细管冷凝现象和孔容的限制，由于在达到饱和浓度之前吸附就达到平衡，因而显出滞后效应。

Ⅵ型是一种特殊类型的等温吸附线，反映的是无孔均匀固体表面多层吸附

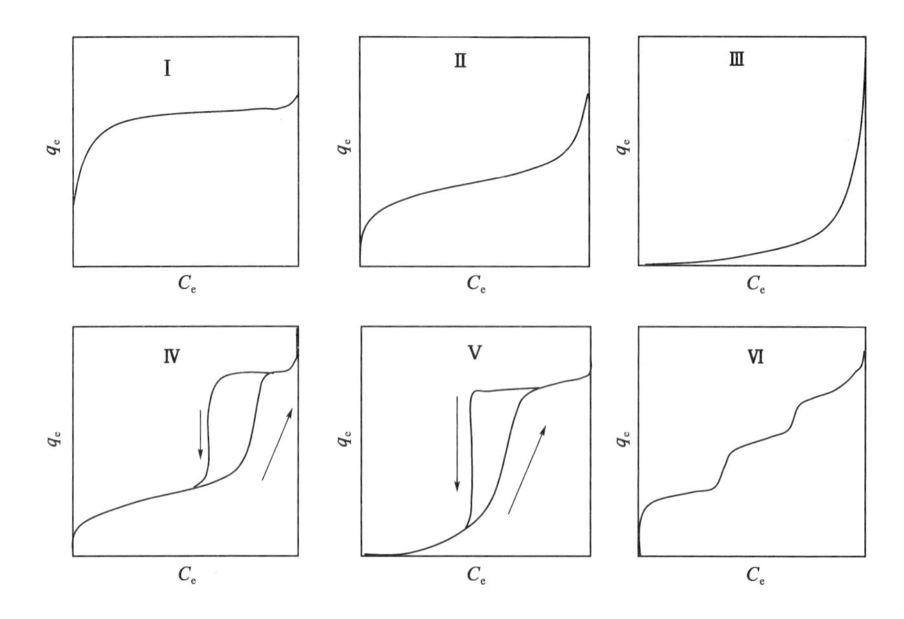

图 2-1 IUPAC 分类的 6 种等温吸附线

的结果(如洁净的金属或石墨表面),实际固体表面大都是不均匀的,因此很难遇到这种情况。

文献中常见的吸附等温模型主要有以下几种:

(1) Langmuir(朗缪尔)等温吸附式。该式适合于描述图 2-1 中Ⅰ类等温线。Langmuir 等温吸附模型[76-79]的建立基于以下假定:吸附剂与吸附质之间发生化学吸附,每一个吸附位上可吸附一个分子,吸附是单分子层的;吸附剂表面是均匀的,及均匀分布的各吸附位的吸附热为一个常数;被吸附的分子间相互不作用。

应当指出,推导该模型的基本假定并不是严格正确的,它只能解释单分子层吸附的情况。尽管如此,Langmuir 等温式仍不失为一个重要的等温吸附式,它的推导第一次对吸附机理进行了形象的描述,为以后吸附模型的建立起了奠基的作用。

(2) Freundlich(弗兰德里希)等温吸附式。该式侧重于吸附自由能随吸附分数的变化,可描述表面不均一或吸附粒子后相互作用的表面吸附过程,是一个经验公式。

Freundlich 等温式在一般的浓度范围内与 Langmuir 等温式比较接近,但仍存在一定不足,如高浓度时不像后者那样趋于一定值,即不能预知最大吸附量,在低浓度时无法表现良好的线性关系(根据亨利公式)。

(3) BET 等温吸附式。Brunauer、Emmett 和 Teller 将 Langmuir 等温吸附理论应用于多分子层吸附[80],认为各层的吸附都遵从 Langmuir 的基本假定,而各层独立达到动态平衡,吸附平衡态是由组成各异的多个吸附层构成,平衡吸附量等于各层吸附量之和[81]。该吸附模型还假定第一层以后各层的吸附热均相等,等于被吸附物质的凝聚热。对于自由表面上的无限多层的吸附,BET 公式(二常数公式)为:

$$q_e = \frac{Ba_c C_e}{(C_s - C_e)\left[1 + (B-1)\dfrac{C_e}{C_s}\right]} \tag{2-1}$$

式中,C_s 为吸附质的饱和浓度,$mg \cdot L^{-1}$;C_e 为吸附质的平衡吸附量,$mg \cdot L^{-1}$;B 为与吸附能、温度有关的常数;a_c 为构成单分子层吸附时单位质量吸附剂的饱和吸附量,$mg \cdot g^{-1}$。

BET 等温吸附式的线性形式可表示为:

$$\frac{C_e}{q_e(C_s - C_e)} = \frac{1}{Ba_c} + \frac{B-1}{Ba_c} \cdot \frac{C_e}{C_s} \tag{2-2}$$

由吸附实验数据,按式(2-2)作图可求常数 a_c 和 B。作图时需要知道饱和浓度 C_s,如果有足够的数据得到准确的值时,通过一次作图即可得出直线。当 C_s 未知时,则需通过假设不同的 C_s 值作图数次才能得到直线。当 C_s 的估计值偏低时,则画成一条向上弯的曲线;当 C_s 的估计值偏高时,则画成一条向下弯的曲线。只有估计值正确,才能画出一条直线来,如图 2-2 所示。

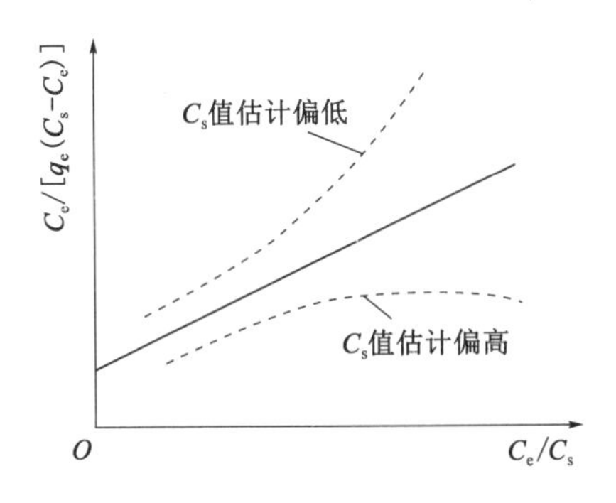

图 2-2 BET 模型等温吸附式常数图解

BET 模型适用于图 2-1 中各种类型的等温吸附线。当平衡浓度很低时,$C_s \gg C_e$,并令 $B/C_s = b$,BET 模型可简化为 Langmuir 等温式。BET 模型在描述Ⅱ类等温吸附线及计算活性炭等多孔吸附剂的比表面积等方面也得到了很多的应用[82-83]。

(4) Redlich-Peterson(R-P)模型。虽然 Langmuir 和 Freundlich 等温吸附式得到了广泛的应用,但这两个方程都是气-固吸附规律的经验公式,且都是在某些特定的假设条件下建立的,由于液-固吸附更加复杂,因此 Langmuir 和 Freundlich 等温吸附式不能完全解释复杂体系中的吸附反应机理。在实际吸附体系中,往往存在多种吸附质,在研究[84]中,通过应用单组分吸附模型,得到了多组分体系的吸附模型。在液相吸附中,应用较多的多组分吸附模型之一就是 R-P 模型。与两参数模式相比,三参数的 R-P 方程式更适合预知实验数据[85]。

(5) 扩散界面(Temkin)模型。此模型考虑温度对等温线的影响,方程形式与Freundlich 近似,通过模型可以确定热平衡条件下界面的层数,并根据非平衡条件下界面自由能的变化推测出界面相变熵对界面结构的影响。但理论推导仍采用统计计算,引用 Btagg-Williams 近似,忽略了原子的偏聚效应[86-87]。

(6) Dubinin-Radushkevich(D-R)模型。此模型假设吸附剂表面是不均匀的,吸附是吸附质填充吸附剂孔的过程[88-89]。

2.4.3 吸附动力学

吸附动力学主要研究吸附剂的吸附效率和吸附过程,一般认为由以下 3 个连续步骤完成[90-91]:

① 吸附质通过固体表面“液膜”向固体吸附剂外表面的扩散,这个过程被称为膜扩散。“液膜”是固体表面的边界层,其厚度与搅拌强度或流速有关。

② 吸附质在吸附剂颗粒内部的扩散,由孔隙中溶液的扩散(孔隙扩散)和孔隙内表面的二维扩散(内表面扩散)并联的两部分构成。

③ 吸附质在吸附剂微孔表面上的吸附“反应”。

表达吸附速率的公式已经提出不少,具有代表性的主要有准一级动力学模型、准二级动力学模型、颗粒内部扩散模型和 Bangham 模型[92-94]。

2.5 难降解有机物的吸附机理研究

蔡昌凤等[95]研究了煤粉对模拟焦化废水二级出水中苯酚、喹啉的吸附,考察了 pH 值、煤粉投加量、吸附反应时间等因素对吸附效果的影响。实验表明:煤粉对模拟废水中有机物的吸附去除率焦煤略高于肥煤,煤粉(0.5 mm)吸附容量为0.109 4~0.154 4 mg · g^{-1};焦煤吸附苯酚、肥煤吸附喹啉符合 Freundlich 等温吸附式,焦煤吸附喹啉则符合 Langmuir 等温吸附式;不同煤种和不同粒度煤粉吸附有机物的反应动力学特性相似,均较好符合二级反应动力学模型,R^2 =0.990±

0.008;吸附过程以液膜扩散为速率控制步骤;在不同温度下得到了焦煤吸附苯酚的速率常数方程 $K=199.54-11.64/(RT)$,吸附活化能 $E_a=11.64\ kJ \cdot mol^{-1}$。

方金武等[96]研究表明,原水初始浓度 C_0 对污染物去除率和吸附容量的影响最为显著,吸附容量随 C_0 升高而提高。初始浓度相同时,肥煤吸附 COD 的去除率和吸附容量略高于焦煤;矿浆浓度 100 $g \cdot L^{-1}$ 时污染物去除率均高于矿浆浓度 80.0 $g \cdot L^{-1}$ 时;肥煤与焦煤吸附 NH_3-N 的吸附容量明显低于吸附 COD 的吸附容量,从而证明煤表面优先吸附有机物。

付敏[97]研究表明溶液的 pH 值是影响活性炭纤维吸附效果的主要因素,其主要原因是 pH 值改变了有机物的存在状态和吸附剂表面的荷电状态。根据溶液中不同温度下的吸附曲线所得到的吸附热数据,得到活性炭纤维与有机物之间的作用力,既有范德华力也有疏水键力、氢键力和偶极力。但缺乏 pH 值对活性炭纤维表面电荷影响的深入研究,对活性炭纤维与有机物之间的作用力和作用机理研究不够具体深入。

Ding 等[98]对改良活性炭吸附苯酚的行为进行了研究,结果表明条件为氨浓度 10%、浸泡时间 2 h、反应时间 2.5 h 和反应温度 500 ℃时的去除率最高。Freundlich 模型和 Langmuir 模型都适用于改良的活性炭吸附苯酚。与 Langmuir 模型相比,Freundlich 模型更适用于未改良的活性炭吸附苯酚的行为。

Liu 等[99]对有机硅藻土吸附焦化废水中有机污染物进行了实验研究,实验表明当硅藻土粒度在 150 μm 以下、浓度为 10 $g \cdot L^{-1}$、改性剂为 5 g 及吸附时间为 60 min 时,有机污染物的去除率最高。

Liao 等[100]对竹炭吸附氮杂环化合物的作用力进行了研究,获得竹炭吸附吡啶、吲哚和喹啉的最大吸附量分别为 42.92 $mg \cdot g^{-1}$、93.24 $mg \cdot g^{-1}$ 和 91.74 $mg \cdot g^{-1}$,建立了一个吸附关系模型,模型表明吸附过程中表面积作用力>疏水作用力>静电作用力>π 轨道相互作用力。

Gu 等[101]对硅藻土吸附处理焦化废水中的苯酚进行了研究,研究表明苯酚的脱除率随硅藻土用量和接触时间的增加而提高,碱性环境有利于硅藻土吸附苯酚,接触温度的提高同样可以提高苯酚的脱除率。

晏彩霞等[102]进行了原煤及富碳沉积物对疏水性有机污染物吸附解吸的进展研究,说明了煤中有机质含量对吸附解吸的影响。

杨琛等[103]研究了煤中干酪根的成熟度与菲的吸附行为之间的关系,指出煤中不同成熟度干酪根的内部结构和性质与菲的吸附行为之间存在一定的关系。

综上来看,国内外学者进行了许多吸附剂吸附处理焦化废水的实验研究及机理分析,但是对煤炭吸附处理焦化废水的研究相对较少。煤的吸附性能不仅受其孔隙的影响,同时也受煤炭结构、化学组成的影响。煤中的低分子化合物、有机质等也对其吸附性能有影响。

2.6 本章小结

(1) 介绍了焦化及含油废水的来源及水质特征,叙述了焦化及含油废水难处理的原因。

(2) 综述了含有机物难降解废水的处理技术及研究现状,分别对膜分离技术、物化技术、生化技术、氧化技术和吸附技术进行了介绍,并总结了各处理技术的优缺点。

(3) 综述了含油废水的处理技术及研究现状,分别对物理化学法、化学破乳法、电化学法、生物化学法和吸附技术进行了介绍,并总结了各处理技术的优缺点。

(4) 对吸附的概念、分类、动力学及热力学进行了叙述说明,对难降解有机物的吸附机理研究现状进行了综述。

3 实验煤样理化性质

煤具有复杂的孔隙结构，存在一定的比表面，初步判断可以作为吸附剂来使用。在《材料导报》中也出现过“煤岩材料”这个术语，从孔隙结构来看，煤与传统吸附剂具有一定的相似性。不同变质程度的煤具有不同的孔隙占有率，煤中的孔隙大小主要在 400 nm 以下，部分煤的孔隙率高达 90%，比表面积高达 200 $m^2 \cdot g^{-1}$[104-105]。

在煤层气和二氧化碳捕集利用的研究中，煤作为吸附剂吸附气体，比如甲烷、二氧化碳、一氧化碳等气体的研究较多[106-107]，但是煤作为吸附剂吸附处理污水等方面的研究较少。吸附剂的吸附性能主要受到孔隙率及比表面积大小的影响，但同时也受到官能团类型、化学元素组成、孔径大小等因素的影响，对于煤炭而言，还会受到煤炭的灰分含量、煤炭变质程度大小、C/O 比值等因素的影响。

本章以 3 种不同变质程度的煤炭作为实验原料，对它们表面的物理、化学性质进行了分析，包括：运用 BET 全自动气体吸附分析仪对煤炭的比表面积、孔径分布和孔容积等进行分析，运用扫描电镜（SEM）对不同变质程度的煤炭的微观形貌进行分析，采用红外光谱分析仪（FTIR）和 Boehm 滴定法对煤样的化学结构和官能团含量进行分析，运用热重-气质联用仪（TG-GC/MS）对煤炭的热稳定性及热解组分进行分析。

3.1 煤样制备及其工业分析

3.1.1 实验煤样制备

本实验选用 3 种变质程度不同的煤，根据变质程度由低到高依次是褐煤、焦煤和无烟煤。褐煤来自神华集团内蒙古胜利煤矿；焦煤来自安徽淮北矿业集团公司临涣选煤厂，为重介精煤，呈沥青光泽；无烟煤取自河南煤化集团永城煤业公司城郊选煤厂，为块精煤。

煤样采集运送到实验室后，选取其中 +25 mm 的块状煤样，用颚式破碎机破碎至 2～3 mm 粒级以下后直接进行筛分，取 1 mm 以下的煤粉用万能粉碎机粉碎至0.074 mm以下,以备吸附实验用。

3.1.2 煤样的工业分析

3种实验煤样的工业分析结果如表3-1所列。

表3-1 实验煤样的工业分析结果

煤样	水分 M_{ad}/%	灰分 A_{ad}/%	挥发分 V_{ad}/%	固定碳 FC_{ad}/%
无烟煤	1.13	9.94	7.87	81.06
焦煤	1.49	11.58	20.93	66.00
褐煤	10.07	21.60	30.12	38.21

从表3-1中可以看出,褐煤中的水分、灰分和挥发分含量最高,固定碳含量最低;无烟煤中的水分、灰分和挥发分含量最低,固定碳含量最高;焦煤的水分、灰分、挥发分和固定碳含量居中。

3.2 化学组成分析

3.2.1 X射线荧光光谱分析(XRF)

利用X射线荧光光谱仪测定的实验煤样的化学成分如表3-2所列。从表3-2中可以看出,褐煤中氧化钙、氧化铝和氧化硅含量最高,三者之和高达19.194%,它们是煤炭中灰分的主要组成部分,这与煤样工业分析结果相吻合。焦煤和无烟煤中这三者含量之和分别为14.254%和10.782%,低于褐煤,这是由于焦煤和无烟煤为重选后的精煤,灰分含量较低。褐煤样品中的硅、铝氧化物含量达到17.574%,说明褐煤表面可能存在大量的硅、铝活性位点,有利于促进化学吸附顺利进行;其次氧化铁含量为1.283%,铁离子有利于絮凝沉淀和离子交换。

表3-2 实验煤样的化学组成

煤样	化学成分/%								
	Na_2O	TiO_2	K_2O	S	MgO	Fe_2O_3	CaO	Al_2O_3	SiO_2
褐煤	0.145	0.195	0.466	0.654	0.689	1.283	1.619	4.675	12.900
焦煤	0.073	0.334	0.212	0.852	0.156	0.728	0.642	5.540	8.072
无烟煤	0.100	0.325	0.060	0.787	0.137	0.629	0.682	4.620	5.480

3.2.2 X射线衍射分析(XRD)

将制备好的实验煤样送往中国矿业大学分析测试中心进行了X射线衍射测试,分析测试图谱如图3-1～图3-3所示。

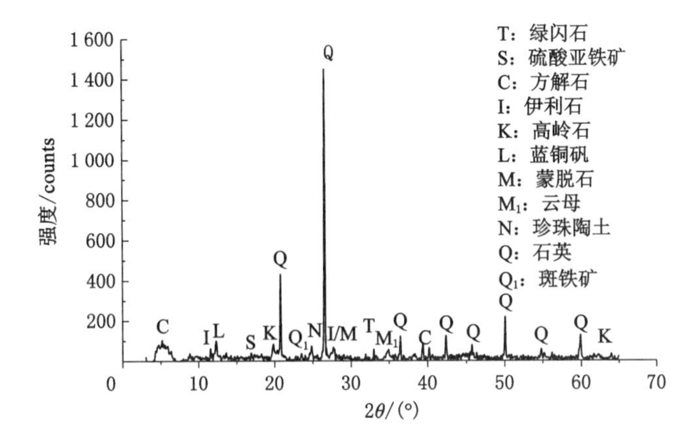

图3-1 褐煤X射线衍射图谱

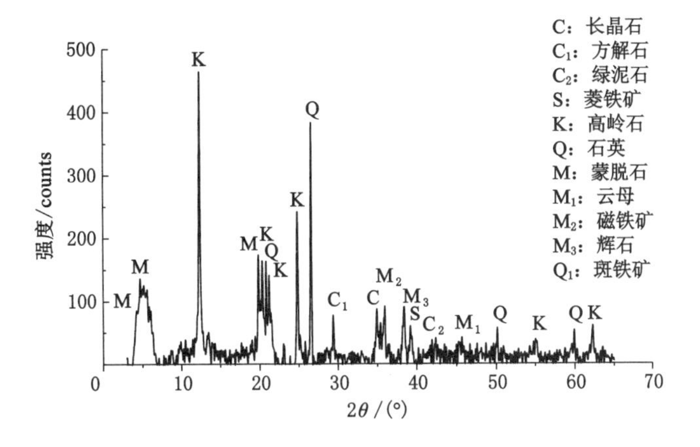

图3-2 焦煤X射线衍射图谱

对图3-1分析可知,该褐煤煤样中除了主要的煤岩组分外,主要的脉石矿物为石英,总脉石矿物含量较低,其次还含有少量的方解石、伊利石、蒙脱石、云母和珍珠陶土等矿物。

对图3-2分析可知,该焦煤煤样中除了主要的煤岩组分外,主要的脉石矿物为高岭石和石英,总脉石矿物含量较低,其次还含有少量方解石、蒙脱石、云母和

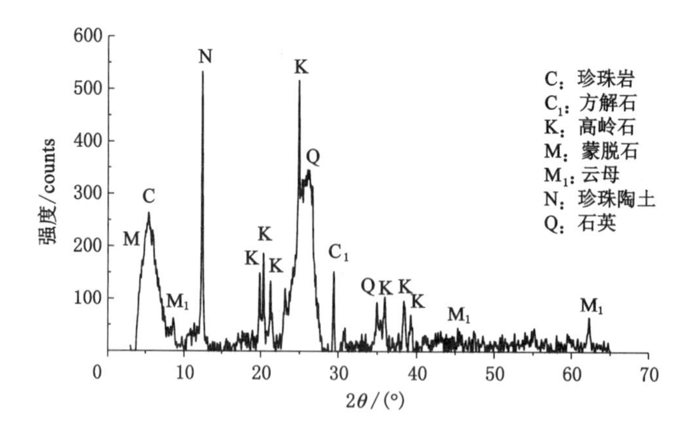

图 3-3 无烟煤 X 射线衍射图谱

珍珠陶土等矿物。

对图 3-3 分析可知，该无烟煤煤样中除了主要的煤岩组分外，主要的脉石矿物为高岭石和石英，总脉石矿物含量较低，其次还含有少量方解石、珍珠陶土、云母和蒙脱石等矿物。

由以上分析可知，3 种实验煤样都含有少量的脉石矿物，矿物组成相似，无烟煤含有的脉石矿物最少。

3.2.3 红外光谱分析(FTIR)

3 种实验煤样的红外吸收光谱如图 3-4～图 3-6 所示。

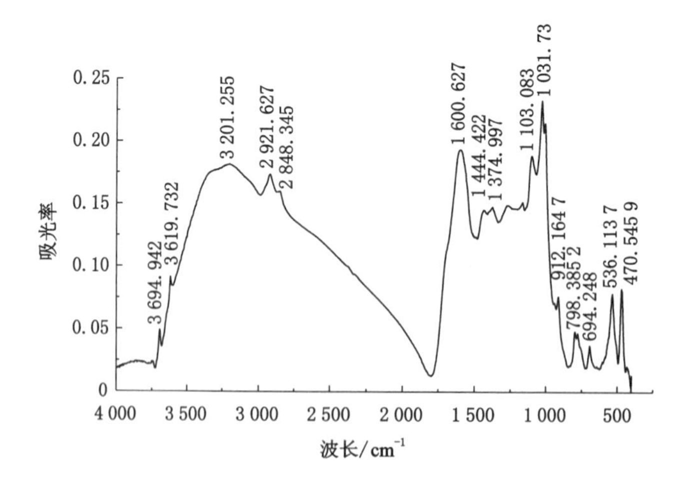

图 3-4 褐煤红外吸收光谱图

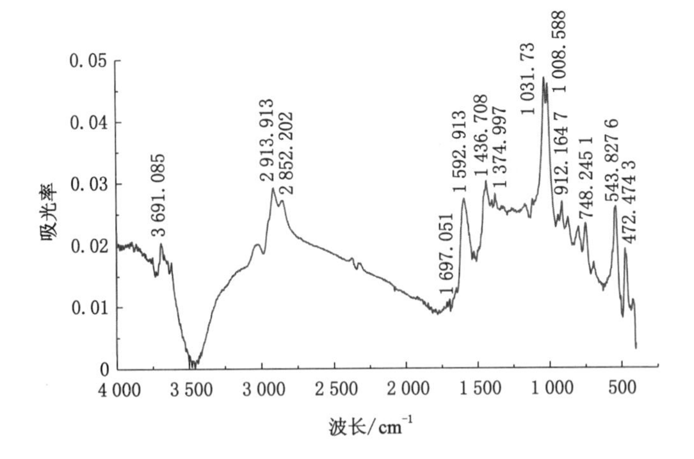

图 3-5 焦煤红外吸收光谱图

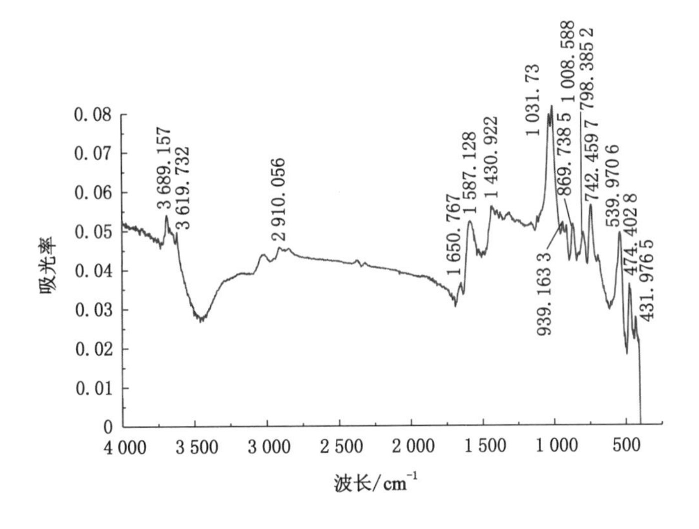

图 3-6 无烟煤红外吸收光谱图

(1) 谱图 3-4 解析[108]：

3 600～3 200 cm^{-1}处吸收峰主要为醇、酚羟基(—OH)和—NH、NH_2 所引起的吸收峰，煤样中的基团由于受到氢键化的作用，电子云的密度更加平均化，使得振荡频率下降和波数变低。因此 3 600～3 200 cm^{-1}处的吸收峰主要是煤样中酚羟基的反应。

2 920 cm^{-1}附近吸收峰为 CH_2 的反对称伸缩吸收峰，2 850 cm^{-1}附近为 CH_2 的对称伸缩振动吸收峰。对脂肪族和无扭曲的脂环族化合物而言，反对称和对称振动吸收峰的位置变化很小，变化范围基本在 10 cm^{-1}以内。这表明部分脂肪类结构存在于原煤的大分子骨架结构中。由于褐煤的变质程度较低，煤结构分子中规则部分小，烷基侧链长而多，煤中含有较多的非芳香结构和含氧官能团。

1 600 cm^{-1}附近吸收峰为芳香族化合物中的碳环骨架振动引起的吸收峰，主要由碳环中 C—C 的伸缩振动所引起。

1 450 cm^{-1}附近吸收峰为 CH_3 反对称弯曲振动引起的吸收峰，1 375 cm^{-1}附近吸收峰为 CH_3 对称弯曲振动引起的吸收峰。

1 330～1 132 cm^{-1}处的吸收峰由羰基和—O—的伸缩振动引起。

1 100 cm^{-1}附近吸收峰为醇引起的吸收峰。

1 033 cm^{-1}附近吸收峰为煤中灰分所引起的吸收峰。

912 cm^{-1}附近吸收峰为 C—C 伸缩振动引起的吸收峰。

700～900 cm^{-1}处吸收峰主要由多种取代芳烃的面外弯曲振动引起，该谱带被称为芳香带，其中 798 cm^{-1}附近吸收峰为相邻双氢取代苯环面外弯曲振动吸收峰。从图 3-4 中可以看出，该谱带吸收峰的吸收强度相对较小，可以推断褐煤中的芳香核较少。

(2) 谱图 3-5 解析：

3 670 cm^{-1}附近为 X—H(X ═C,N,O,S 等)的伸缩振动区。

3 600～3 200 cm^{-1}处吸收峰主要为醇、酚羟基(—OH)和—NH、NH_2 所引起的吸收峰，煤样中的基团由于受到氢键化的作用，电子云的密度更加平均化，使得振荡频率下降和波数变低。因此 3 600～3 200 cm^{-1}处的吸收峰主要是煤样中酚羟基的反应。

2 920 cm^{-1}附近吸收峰为 CH_2 的反对称伸缩吸收峰，2 850 cm^{-1}附近吸收峰为 CH_2 的对称伸缩振动吸收峰。对脂肪族和无扭曲的脂环族化合物而言，反对称和对称振动吸收峰的位置变化很小，变化范围基本在 10 cm^{-1}以内。这表明部分脂肪类结构存在于原煤的大分子骨架结构中。

1 690 cm^{-1}处吸收峰为：① 羰基与羟基形成的共振峰，这也是煤中—COOH 的贡献；② 羰基伸缩振动引起的吸收峰，同时结合在 2 840 cm^{-1}附近有弱吸收峰，可以推断煤结构中有酮、醛基团存在。

1 592 cm^{-1}附近吸收峰为芳香族化合物中碳环骨架振动引起的吸收峰，主要由碳环中的 C—C 的伸缩振动所引起。

1 450 cm^{-1}附近吸收峰为 CH_3 反对称弯曲振动引起的吸收峰，1 375 cm^{-1}

附近吸收峰为 CH_3 对称弯曲振动引起的吸收峰。

1 330～1 132 cm^{-1} 处的吸收峰由羰基和—O—的伸缩振动引起。

1 031 cm^{-1} 附近吸收峰为煤中灰分所引起的吸收峰。

912 cm^{-1} 附近吸收峰由 C—C 伸缩振动引起。

700～900 cm^{-1} 处吸收峰主要由多种取代芳烃的面外弯曲振动引起，该谱带被称为芳香带，其中 750 cm^{-1} 处吸收峰为相邻四氢苯环面外弯曲振动吸收峰。从图 3-5 中可以看出，焦煤该谱带的吸收强度大于褐煤，说明焦煤中含有的芳香核多于褐煤。

(3) 谱图 3-6 解析：

3 670 cm^{-1} 附近为 X—H(X ═C,N,O,S 等)的伸缩振动区。

2 900 cm^{-1} 附近宽而强的吸收峰为羧酸羟基的吸收峰。

2 920～2 800 cm^{-1} 处未有明显的吸收峰，表明复杂的脂肪类结构含量较少。这主要是由于无烟煤的变质程度较高，侧链烷基含量较少，非芳香结构和含氧官能团含量较少。

1 650 cm^{-1} 附近中等强度的吸收峰主要由烯烃类化合物 C ═C 的振动引起。

1 600 cm^{-1} 附近吸收峰一般为芳香族化合物中的碳环骨架振动引起的吸收峰，主要由碳环中 C—C 的伸缩振动所引起。当碳环上的取代基不同的时候，其特征吸收峰也会不同，此时会出现两个不同的吸收峰，分别为 1 600～1 585 cm^{-1} 及 1 500～1 400 cm^{-1} 处的吸收峰。

1 450 cm^{-1} 附近吸收峰为 CH_3 反对称弯曲振动引起的吸收峰，1 375 cm^{-1} 附近吸收峰为 CH_3 对称弯曲振动引起的吸收峰。

1 330～1 132 cm^{-1} 处的吸收峰由羰基和—O—的伸缩振动引起。

1 031 cm^{-1} 附近吸收峰为煤中灰分所引起的吸收峰。

912 cm^{-1} 附近吸收峰由 C—C 伸缩振动引起。

700～900 cm^{-1} 处吸收峰主要由多种取代芳烃的面外弯曲振动引起，该谱带被称为芳香带，其中 860 cm^{-1} 附近吸收峰为单氢取代苯环面外弯曲振动吸收峰，799 cm^{-1} 附近吸收峰为相邻双氢取代苯环面外弯曲振动吸收峰，750 cm^{-1} 附近吸收峰为相邻四氢苯环面外弯曲振动吸收峰。从图 3-6 中可以看出，无烟煤这个谱带的吸收强度大于焦煤，说明无烟煤中含有的芳香核多于焦煤。

通过对煤样进行红外光谱对比分析可知，在 3 600～3 200 cm^{-1} 处的吸收峰强度随着煤变质程度的提高而减弱，表明—OH 含量随着煤变质程度的提高而减少。在 1 330～1 132 cm^{-1} 之间的吸收峰强度随着煤变质程度的提高而减弱，表明含氧官能团数量随煤变质程度的提高而减少。可见，随着煤变质程度的提高，煤分子结构中芳香核含量增多，非芳香结构和含氧官能团逐渐减少。

3.3 表面含氧官能团分析

煤表面的官能团的种类和数量对煤的化学吸附能力有很大的影响，其中最主要的表面基团是含氧官能团。Boehm 等[109]将煤中的含氧官能团分为羰基、羧基、羟基（酚羟基）、醚氧基和甲氧基等类型。Van Krevelen[110]则将煤中的含氧官能团分为羟基（酚羟基）、羧基、甲氧基、羰基及非活性氧[111]。舒新前等[112]认为煤中的氧包括极性态氧和非极性态氧，前者如羟基、羧基、酚羟基，后者常见的如醚氧基等。

根据 Balbuena 等[113]的研究结果，矿物中含有的官能团具有不同强度的酸碱性，煤炭的含氧官能团主要是酸性含氧官能团，因此可以用碱性物质来中和。不同强度的碱性物质对应不同强度的酸性含氧官能团，可通过测定不同碱性强度的物质的用量来计算煤样中不同酸性强度含氧官能团的含量。一般采用的碱性物质有 NaOH、Na_2CO_3 和 $NaHCO_3$，其中 NaOH 可以中和煤样中的内酯基、羧基和酚羟基等酸性强度较大的官能团，Na_2CO_3 主要能中和煤样中的羧基和内酯基等酸性强度中等的官能团，而 $NaHCO_3$ 只能中和煤样中羧基等酸性强度较弱的官能团。通过测定 3 种不同强度碱性物质的用量，计算用量的差值可获得不同酸性含氧官能团的百分含量。

测定及计算步骤如下：

(1) 配制浓度为 0.05 $mol \cdot L^{-1}$ 的盐酸（HCl）、氢氧化钠（NaOH）、碳酸钠（Na_2CO_3）和碳酸氢钠（$NaHCO_3$）的标准溶液。

(2) 配制甲基红指示液（1 $g \cdot L^{-1}$）：称取 0.1 g 甲基红，溶于乙醇（95%），用乙醇（95%）稀释至 100 mL。

(3) Boehm 滴定。

① 用电子天平称取 3 份 1～2 g 煤粉样品，记录准确质量 W(g)。取 3 个规格为 100 mL 的锥形瓶，标号 1、2、3，将称取的 3 份煤粉分别倒入 3 个锥形瓶中，然后在 3 个锥形瓶中分别倒入配制好的氢氧化钠、碳酸钠和碳酸氢钠标准溶液。

② 将 3 个锥形瓶放入恒温振荡器中，振荡搅拌 24 h，然后分别过滤，用去离子水洗涤煤样，并分别收集所有滤液到 3 个烧杯（标号 1、2、3）中。

③ 在 3 个装滤液的烧杯中滴入甲基红指示剂，用 0.05 $mol \cdot L^{-1}$ 的 HCl 标准溶液来滴定，测出 3 个锥形瓶中未反应的碱量。

④ 通过 HCl 标准溶液的消耗量，计算获得每个锥形瓶中碱性溶液的消耗

量，再计算得到煤样与不同碱性溶液反应所对应的酸性含氧官能团的含量，分别为 n_{NaOH}、$n_{Na_2CO_3}$ 和 n_{NaHCO_3}。

$$n_{NaOH}=[C_{NaOH}V_{NaOH}-C_{HCl}(V_{HCl}-V_1-V_b)]/W \tag{3-1}$$

$$n_{Na_2CO_3}=2[C_{Na_2CO_3}V_{Na_2CO_3}-C_{HCl}(V_{HCl}-V_2-V_b)]/W \tag{3-2}$$

$$n_{NaHCO_3}=2[C_{NaHCO_3}V_{NaHCO_3}-C_{HCl}(V_{HCl}-V_3-V_b)]/W \tag{3-3}$$

式中，V_b 为蒸馏水空白值，mL；V_{HCl}为滴定所用 HCl 标准溶液的体积，mL；C_i 为下标对应的标准溶液的浓度，mol・L^{-1}；W 为称取煤样的质量，g；V_1、V_2、V_3 为将甲基红的理论指示终点校正到酸碱滴定时理论终点的 HCl 标准滴定溶液体积修正值。

在滴定过程中，甲基红的理论指示终点与酸碱滴定的理论终点有一定的偏差，需要进行计算修正，计算公式如下：

$$V_1=(V_{NaOH}+V_{HCl})([H^+]_R-[H^+]_{T1})/C_{HCl} \tag{3-4}$$

$$V_2=(V_{Na_2CO_3}+V_{HCl})([H^+]_R-[H^+]_{T2})/C_{HCl} \tag{3-5}$$

$$V_3=(V_{NaHCO_3}+V_{HCl})([H^+]_R-[H^+]_{T3})/C_{HCl} \tag{3-6}$$

式中，$[H^+]_R$ 是当以甲基红进行滴定，指示剂理论滴定终点时的质子浓度，数值为 10^{-5} mol・L^{-1}；$[H^+]_{T1}$、$[H^+]_{T2}$ 和 $[H^+]_{T3}$ 是酸碱滴定理论中的滴定终点，即用 HCl 标准滴定液分别滴定 NaOH、Na_2CO_3 和 $NaHCO_3$ 时滴定终点的质子浓度。

根据得到的 n_{NaOH}、$n_{Na_2CO_3}$ 和 n_{NaHCO_3}，通过用量的差值计算方法得到羧基、内酯基、酚羟基等不同酸性强度含氧官能团的百分含量：

$$n_{RCOOH}=n_{NaHCO_3} \tag{3-7}$$

$$n_{RCOOCR'}=n_{Na_2CO_3}-n_{NaHCO_3} \tag{3-8}$$

$$n_{ArOH}=n_{NaOH}-n_{Na_2CO_3} \tag{3-9}$$

实验煤样通过滴定实验计算得到的表面含氧官能团含量，如表 3-3 所列。

表 3-3　煤样表面的不同含氧官能团含量　　单位：mmol・g^{-1}

名称	羧基(R—COOH)	内酯基(RCOOCOR′)	羟基(—OH)	合计
焦煤	0.067 0	0.130 3	0.049 9	0.247 2
无烟煤	0.055 3	0.093 6	0.045 8	0.194 7

注：褐煤溶解后颜色与滴定终点颜色相混淆，因此没有褐煤的滴定数据。

从表 3-3 可以看出，焦煤中的酸性含氧官能团含量大于无烟煤。这是因为煤炭基本结构单元缩合环上连接的烷基侧链的平均长度随煤化程度的提高而迅速缩短；含氧官能团随煤变质程度的提高而减少，羰基含量也随之不断减少，但是羰基的减少程度小于含氧官能团的减少程度，因此在不同变质程度的煤炭中羰基都会少量存在，这也与 FTIR 的分析结果相吻合。

3.4 孔隙结构分析

3.4.1 扫描电镜分析(SEM)

3 种实验煤样经去离子水洗涤后在 105 ℃温度下干燥处理，进行扫描电镜分析，结果如图 3-7～图 3-9 所示。由图可以看出，3 种煤样表面粗糙且凹凸不平，颗粒上存在裂缝及微孔。这种结构增加了煤样的比表面积和孔隙度，对它们作为吸附剂利用是有利的。

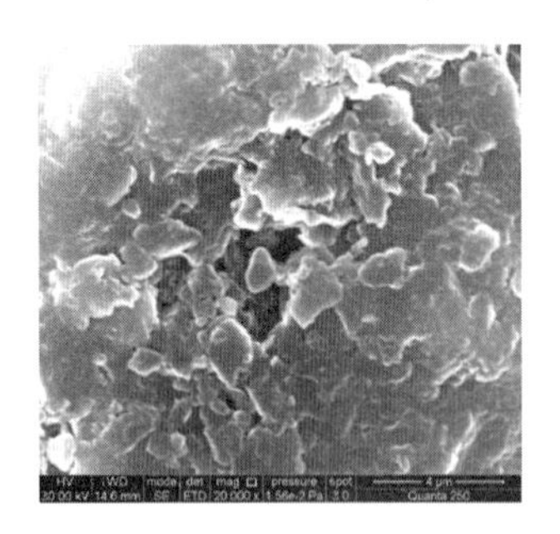

图 3-7 褐煤的 SEM 图

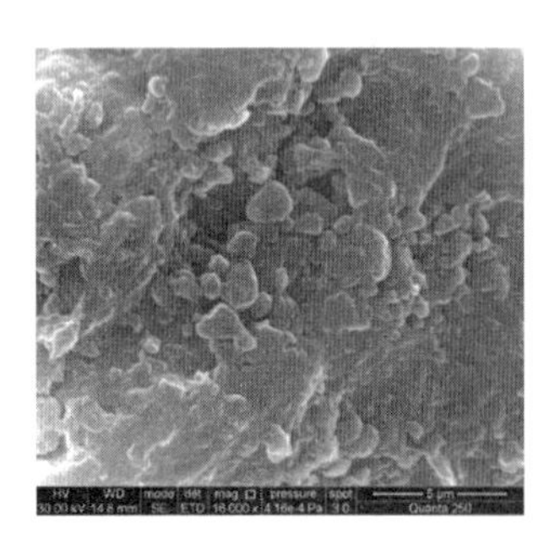
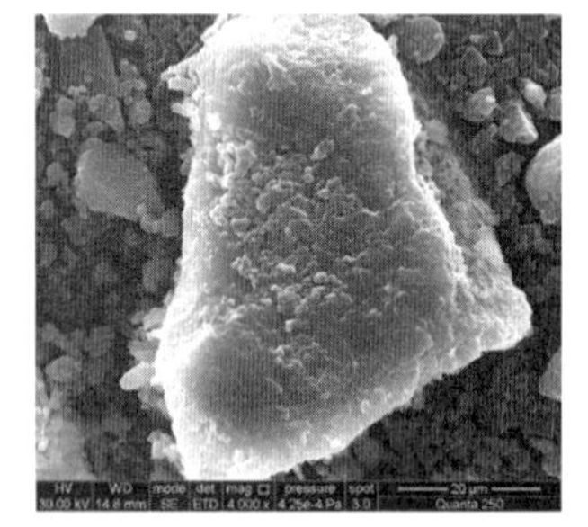

图 3-8 焦煤的 SEM 图

3.4.2 吸附-脱附曲线

使用 BEL 全自动氮气吸附仪(BELSORP-max，BEL-JAPAN，INC)测定液氮温度下煤粉样品对氮气的吸附-脱附曲线。

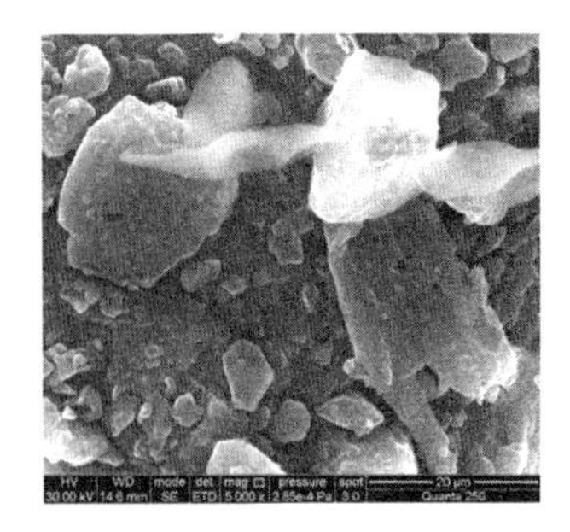

图 3-9 无烟煤的 SEM 图

(1) 褐煤的吸附-脱附曲线

实验条件如表 3-4 所列,得到的褐煤对氮气吸附-脱附曲线如图 3-10 所示。

表 3-4 褐煤吸附氮气的实验条件

名称	数值	名称	数值
样品质量/g	0.405	饱和蒸气压/kPa	100.74
标准体积/cm^3	24.499	吸附截面积/nm^2	0.162
闭死容积/cm^3	25.169	测量前的真空度/Pa	4.252×10^{-4}
吸附气体	N_2	吸附数据点数	36
吸附温度/K	77.000	脱附数据点数	32

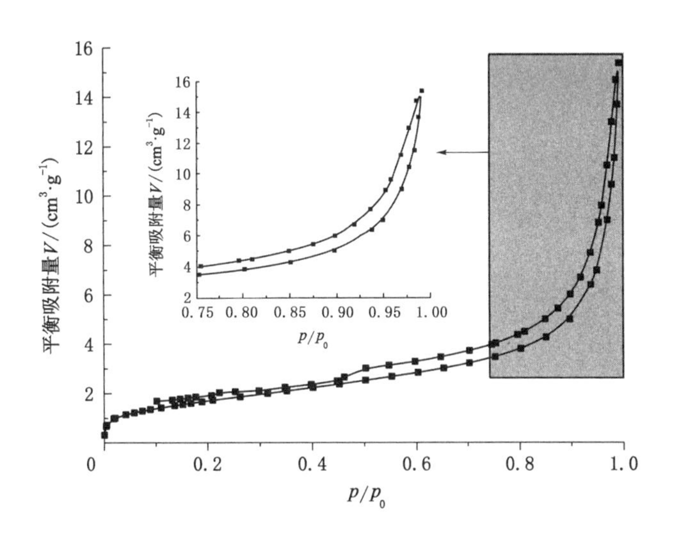

图 3-10 褐煤对氮气吸附-脱附曲线

根据图 3-10 中曲线形状，可知该等温线属于 IUPAC 分类中的Ⅳ型，带有 H1 型滞后环。随着 p/p_0（p 为测量压力，p_0 为饱和蒸气压）增大，氮气吸附量也在增加。在 p/p_0 为 0～0.85 时，吸附量缓慢滞后；在 p/p_0 为 0.85～1.00 时，吸附量迅速增加。在 p/p_0 为 0.44～0.95 时，产生 H1 型滞后环，说明褐煤具有比较均匀的球形微粒结构。

（2）焦煤的吸附-脱附曲线

实验条件如表 3-5 所列，得到的焦煤对氮气吸附-脱附曲线如图 3-11 所示。

表 3-5 焦煤吸附氮气实验条件

名称	数值	名称	数值
样品质量/g	0.487	饱和蒸气压/kPa	100.71
标准体积/cm^3	24.499	吸附截面积/nm^2	0.162
闭死容积/cm^3	21.796	测量前的真空度/Pa	4.252×10^{-4}
吸附气体	N_2	吸附数据点数	37
吸附温度/K	77.000	脱附数据点数	32

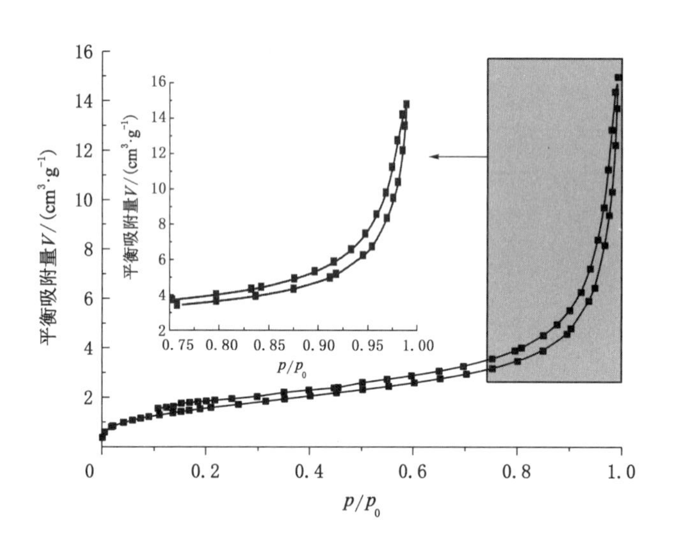

图 3-11 焦煤对氮气吸附-脱附曲线

根据图 3-11 中曲线形状，可知该等温线属于 IUPAC 分类中的Ⅳ型，带有 H1 型滞后环。随着 p/p_0 增大，氮气吸附量也在增加。在 p/p_0 为 0～0.85 时，吸附量缓慢滞后；在 p/p_0 为 0.85～1.00 时，吸附量迅速增加。在 p/p_0 为

0.44～0.95 时，产生 H1 型滞后环，这说明焦煤同样具有比较均匀的球形微粒结构。

(3) 无烟煤的吸附脱附曲线

实验条件如表 3-6 所列，得到的无烟煤对氮气吸附-脱附曲线如图 3-12 所示。

表 3-6 无烟煤吸附氮气实验条件

名称	数值	名称	数值
样品质量/g	0.511 4	饱和蒸气压/kPa	100.71
标准体积/cm^3	24.499	吸附截面积/nm^2	0.162
闭死容积/cm^3	24.400	测量前的真空度/Pa	4.252×10^{-4}
吸附气体	N_2	吸附数据点数	38
吸附温度/K	77.000	脱附数据点数	32

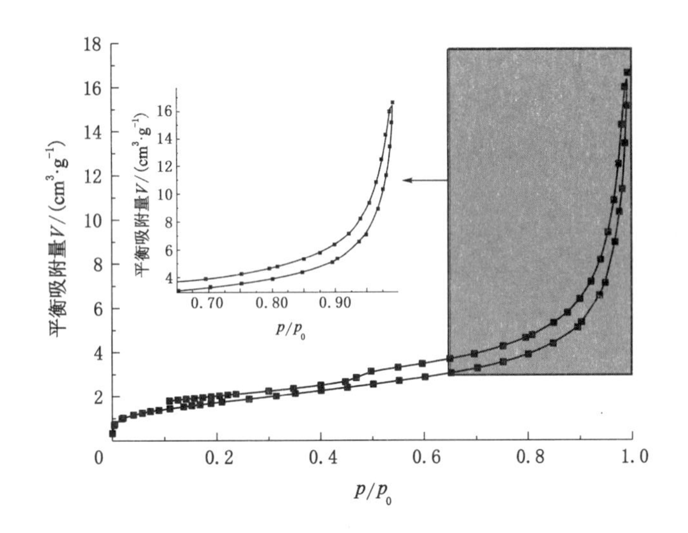

图 3-12 无烟煤对氮气吸附-脱附曲线

根据图 3-12 中曲线形状，可知该等温线属于 IUPAC 分类中的Ⅳ型，带有 H1 型滞后环。随着 p/p_0 增大，氮气吸附量也在增加。在 p/p_0 为 0～0.85 时，吸附量缓慢滞后；在 p/p_0 为 0.85～1.00 时，吸附量迅速增加。在 p/p_0 为 0.50～0.95 时，产生 H1 型滞后环，这说明无烟煤同样具有比较均匀的球形微粒结构。

3.4.3 比表面积

煤粉的比表面积由煤粉样品对氮气的吸附-脱附曲线数据，根据相关计算方法来获得。

3.4.3.1 BET 比表面积

根据 BET 二常数公式[82]：

$$\frac{p}{V(p_0-p)}=\frac{1}{V_m C_a}+\frac{C_a-1}{V_m C_a}\times\frac{p}{p_0} \tag{3-10}$$

式中，p 为测量压力值，Pa；p_0 为饱和蒸汽压，Pa；V 为氮气吸附量，mg · g^{-1}；V_m 为氮气单层饱和吸附量，mg · g^{-1}；C_a 为与吸附能力有关的常数。

以$\frac{p}{V(p_0-p)}$对$\frac{p}{p_0}$作图得到一条直线，由直线的斜率和截距可以求得单分子层饱和吸附量 V_m：

$$V_m=\frac{1}{截距+斜率} \tag{3-11}$$

质量 m 的吸附剂样品饱和吸附后，测得样品吸附的气体总体积值为 V_m，计算得到单位质量的吸附剂样品所吸附的氮气体积值，然后通过计算将体积值校正换算为标准状态下的气体体积值。1 mol 分子气体在标准状态下的体积为 22 400 mL，则BET 比表面积 S_{BET} 为：

$$S_{BET}=\frac{V_m}{22\ 400m}N_A\sigma_m \tag{3-12}$$

式中，N_A 为阿伏伽德罗(Avogadro)常数，6.022×10^{23}；σ_m 为吸附质分子的截面积，氮气的为 0.162 nm^2。

根据式(3-10)可得：

$$斜率=\frac{C_a-1}{V_m C_a} \tag{3-13}$$

$$截距=\frac{1}{V_m C_a} \tag{3-14}$$

根据以上两式，可得吸附常数 C_a 为：

$$C_a=\frac{斜率}{截距}+1 \tag{3-15}$$

根据吸附常数 C_a 的定义可知：

$$C_a=\exp\left(\frac{E_1-E_L}{RT}\right)=\exp(\frac{\Delta E}{RT}) \tag{3-16}$$

式中，E_1 为氮气与煤样表面吸附能，J · mol^{-1}；E_L 为氮气液化能，J · mol^{-1}；ΔE 为净吸附热，J · mol^{-1}；T 为吸附温度，K；R 为摩尔气体常数，取值为 8.314 J · mol^{-1}。

ΔE 为吸附过程产生的吸附热，吸附热的大小可以衡量吸附强弱的程度，吸附热越大，吸附越强。吸附热是衡量吸附剂吸附过程强弱的重要指标之一。

BET 二常数公式所作直线图相对压力 p/p_0 的取值范围通常为 0.05～0.35。

(1) 褐煤

以相对压力 p/p_0 为横坐标、$p/[V/(p_0-p)]$ 为纵坐标作图，得到褐煤的 BET 比表面积曲线，如图 3-13 所示，曲线相关系数列于表 3-7 中。

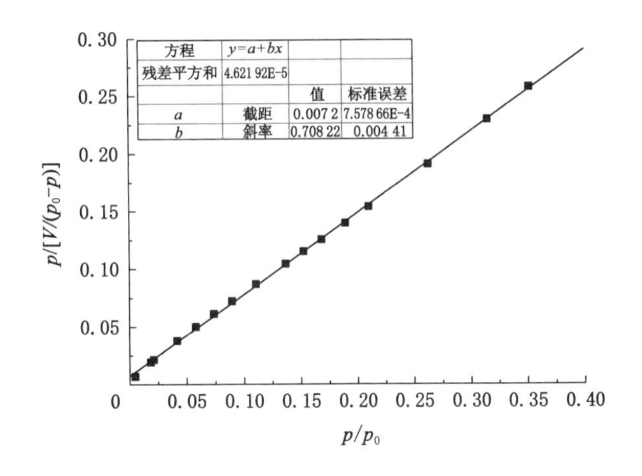

图 3-13 褐煤 BET 比表面积曲线

表 3-7 褐煤 BET 比表面积曲线参数

名称	斜率	截距	单层饱和吸附量/($cm^3 \cdot g^{-1}$)	相关系数
数值	0.708 22	0.007 2	1.397 8	0.999 4

名称	吸附常数	E_1-E_L/($J \cdot mol^{-1}$)	BET 比表面积/($m^2 \cdot g^{-1}$)
数值	102.17	2 961.88	6.087 6

由图 3-13 和表 3-7 可以得知：在 $0.05 \leqslant p/p_0 \leqslant 0.35$ 时，拟合得到一条直线，直线的相关系数大于 0.999 0，可以认为褐煤对氮气的吸附-脱附等温线较好地符合 BET 等温方程。经过计算，褐煤样品对氮气的单层饱和吸附量为 1.397 8 $cm^3 \cdot g^{-1}$，BET 比表面积为 6.087 6 $m^2 \cdot g^{-1}$。

(2) 焦煤

以相对压力 p/p_0 为横坐标、$p/[V/(p_0-p)]$ 为纵坐标作图，得到焦煤的 BET 比表面积曲线，如图 3-14 所示，曲线相关系数列于表 3-8 中。

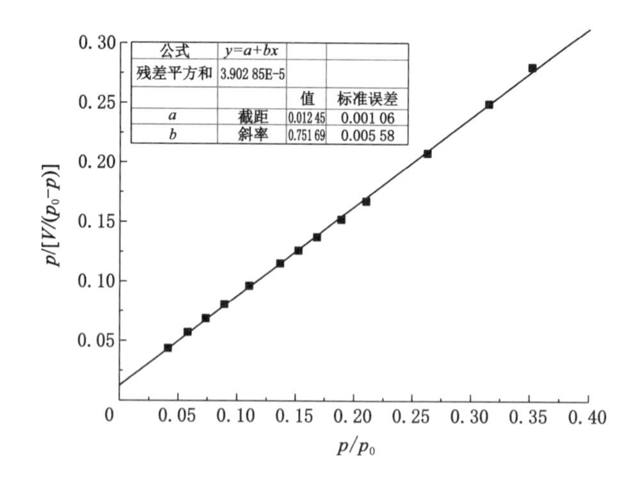

图 3-14 焦煤 BET 比表面积曲线

表 3-8 焦煤 BET 比表面积曲线参数

名称	斜率	截距	单层饱和吸附量/($cm^3 \cdot g^{-1}$)	相关系数
数值	0.751 69	0.012 45	1.328 6	0.999 3
名称	吸附常数	E_1-E_L/($J \cdot mol^{-1}$)	BET 比表面积/($m^2 \cdot g^{-1}$)	
数值	710.06	4 202.99	5.786 4	

由图 3-14 和表 3-8 可以得知：在 $0.05 \leqslant p/p_0 \leqslant 0.35$ 时，拟合得到一条直线，直线的相关系数大于 0.9990，可以认为焦煤对氮气的吸附-脱附等温线较好地符合 BET 等温方程。经过计算，焦煤样品对氮气的单层饱和吸附量为 1.328 6 $cm^3 \cdot g^{-1}$，BET 比表面积为 5.786 4 $m^2 \cdot g^{-1}$。

(3) 无烟煤

以相对压力 p/p_0 为横坐标、$p/[V/(p_0-p)]$ 为纵坐标作图，得到无烟煤的 BET 比表面积曲线，如图 3-15 所示，曲线相关系数列于表 3-9 中。

表 3-9 无烟煤 BET 比表面积曲线参数

名称	斜率	截距	单层饱和吸附量/($cm^3 \cdot g^{-1}$)	相关系数
数值	0.701 45	0.006 95	1.411 6	0.999 5
名称	吸附常数	E_1-E_L/($J \cdot mol^{-1}$)	BET 比表面积/($m^2 \cdot g^{-1}$)	
数值	101.93	2 960.35	6.147 9	

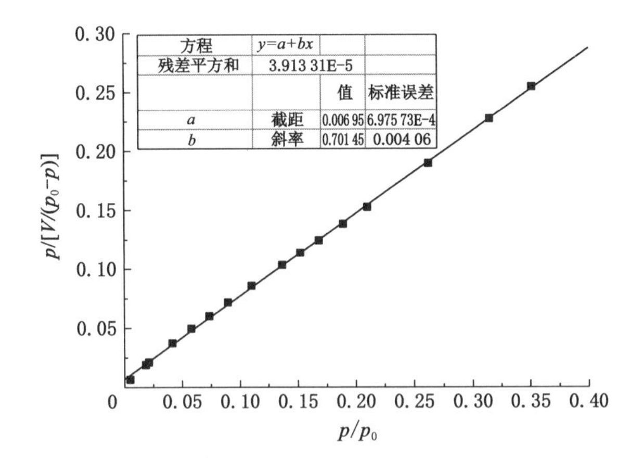

图 3-15　无烟煤 BET 比表面积曲线

由图 3-15 和表 3-9 可以得知：在 $0.05 \leqslant p/p_0 \leqslant 0.35$ 时，拟合得到一条直线，直线的相关系数大于 0.999 0，可以认为无烟煤对氮气的吸附-脱附等温线较好地符合 BET 等温方程。经过计算，无烟煤样品对氮气的单层饱和吸附量为 1.411 6 $cm^3 \cdot g^{-1}$，BET 比表面积为 6.147 9 $m^2 \cdot g^{-1}$。

3.4.3.2　BET 一点法比表面积

当 $C_a \gg 1$ 时，BET 二常数公式可以简化为：

$$\frac{p}{V(p_0 - p)} = \frac{1}{V_m} \times \frac{p}{p_0} \tag{3-17}$$

由此可知，以 $\frac{p}{V(p_0-p)}$ 对 $\frac{p}{p_0}$ 作图可得到通过原点的直线，该直线的斜率为 $\frac{1}{V_m}$，式(3-17)可以写作：

$$V_m = V\left(1 - \frac{p}{p_0}\right) \tag{3-18}$$

这样不必作图，利用一个点的 V 与 p 值即可计算出 V_m，再根据公式(3-12)可求出比表面积 S 的值。

根据褐煤、焦煤和无烟煤的吸附-脱附曲线数据，都取 $\frac{p}{p_0}=0.21$ 时 V_m 的值，根据式(3-18)和式(3-12)计算得到单分子层饱和吸附量 V_m 和比表面积 S 的值，如表 3-10 所列。

表 3-10 BET 一点法计算结果

名称	褐煤	焦煤	无烟煤
$V_m/(mL \cdot g^{-1})$	1.363 5	1.254 8	1.377 2
$S/(m^2 \cdot g^{-1})$	5.936 2	5.463 2	5.996 0

3.4.3.3 H-J 法比表面积

Harkins 和 Jura 将吸附在固体表面上的吸附质看作是二维凝聚状态，获得如下计算公式：

$$\lg \frac{p}{p_0} = B' - \frac{qS^2V_0^2}{2RTV_{mol}^2} \tag{3-19}$$

式中，V_0 为吸附质的摩尔体积，$mL \cdot mol^{-1}$；V_{mol} 为每克吸附剂在 p/p_0 时的吸附量，$mL \cdot g^{-1}$；q 为由吸附质性质决定的常数；S 为比表面积，$m^2 \cdot g^{-1}$；B' 为常数。

令 $B=\frac{B'}{2.303}$，以及

$$C_{HJ} = \frac{qS^2V_0^2}{4.606RT} \tag{3-20}$$

式(3-19)变为

$$\lg \frac{p}{p_0} = B - \frac{C_{HJ}}{V_{mol}^2} \tag{3-21}$$

得到：

$$S = \left(\frac{4.606RT}{qV_0^2}\right)^{1/2} C_{HJ}^{1/2} = kC_{HJ}^{1/2} \tag{3-22}$$

根据式(3-21)，以 $\lg \frac{p}{p_0}$ 对 $\frac{1}{V_{mol}^2}$ 作图，由所得直线的斜率可以求出 C_{HJ}，再根据式(3-22)可以计算出比表面积 S。式(3-22)中的 k 值由吸附质的性质决定，部分气体的 k 值如表 3-11 所列。

表 3-11 部分气体的 k 值

名称	吸附质			
	N_2	H_2O	n-C_4H_{10}	n-C_7H_{16}
温度/℃	−196.00	25.00	0.00	25.00
k	4.06	3.83	13.60	16.90

根据等温吸附线数据，以 $\frac{1}{V_{mol}^2}$ 为横坐标、$\lg \frac{p}{p_0}$ 为纵坐标作图，得到褐煤、焦煤、无烟煤的 H-J 方程等温线，如图 3-16～图 3-18 所示。

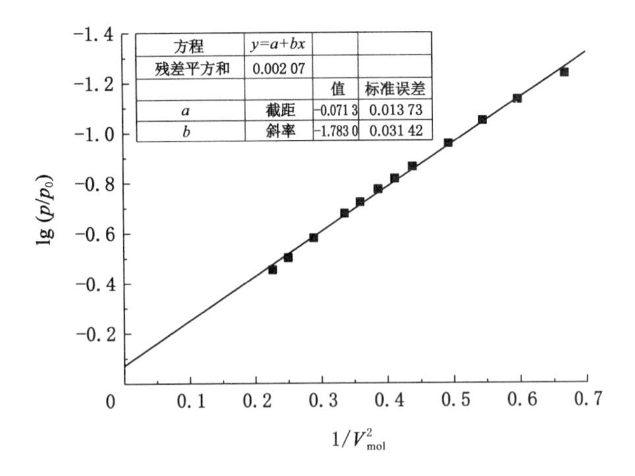

图 3-16 褐煤的 H-J 方程等温线

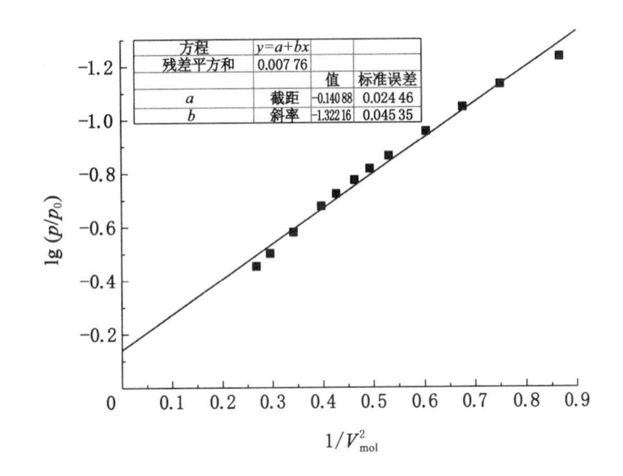

图 3-17 焦煤的 H-J 方程等温线

根据图 3-16～图 3-18 和式(3-22)计算得到斜率 C_{HJ} 和比表面积 S,结果如表 3-12 所列。

表 3-12 H-J 法计算结果

名称	褐煤	焦煤	无烟煤
C_{HJ}	1.783 0	1.322 2	1.856 7
$S/(m^2 \cdot g^{-1})$	5.421 3	4.668 3	5.532 0

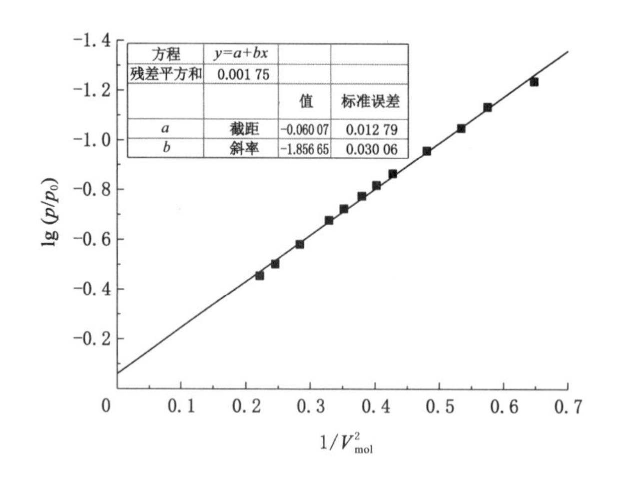

图 3-18 无烟煤的 H-J 方程等温线

3.4.3.4 BJH 法比表面积

根据 BJH 公式计算得到的褐煤、焦煤和无烟煤的比表面积 S 值如表 3-13 所列。

表 3-13 BJH 法计算结果

名称	褐煤	焦煤	无烟煤
$S/(m^2 \cdot g^{-1})$	5.629 9	5.201 8	5.717 1

3.4.3.5 4 种方法计算结果比较

以上 4 种方法获得的比表面积计算结果如表 3-14 所列。

表 3-14 4 种方法的比表面积计算结果

方法	比表面积 $S/(m^2 \cdot g^{-1})$		
	褐煤	焦煤	无烟煤
BET 法	6.087 6	5.786 4	6.147 9
BET 一点法	5.936 2	5.463 2	5.996 0
H-J 法	5.421 3	4.668 3	5.532 0
BJH 法	5.629 9	5.201 8	5.717 1

从表 3-14 中可以看出，3 种煤样比表面积大小顺序为无烟煤＞褐煤＞焦

煤。由红外光谱分析结果可知,低变质程度的褐煤的分子含有较小的规则部分、较长和较多的侧链以及较多的含氧官能团,从而使其分子结构比较疏松,孔隙率较大、比表面积值较高。随着变质程度提高,煤分子上含有的官能团种类和数量都逐渐减少,烷基侧链变短,结构单元之间连接所需的桥键也逐渐减少,而芳香核有所增大,使得煤炭分子结构排列更加致密,此时煤炭的物理性质、化学性质或工艺性质都容易出现转折点,即出现性质的极大或极小值。随着变质程度的进一步提高,以无烟煤为代表,此时煤炭的缩合环进一步增大,煤炭分子的排列也更加有序、紧密,会形成许多层状的芳香层片,形状类型石墨层。在芳香层片排列逐渐紧密的过程中,由于收缩应力的作用会使煤炭产生新的缝隙或裂缝,煤的孔隙率和比表面积都有所增大,这也是无烟煤的比表面积大于焦煤的原因。

3.4.4 pH 值对比表面积的影响

以焦煤作为研究对象,用不同 pH 值的溶液对焦煤进行浸泡处理,用 BEL 全自动吸附仪测试分析,得到其比表面积的变化规律,如图 3-19 所示。

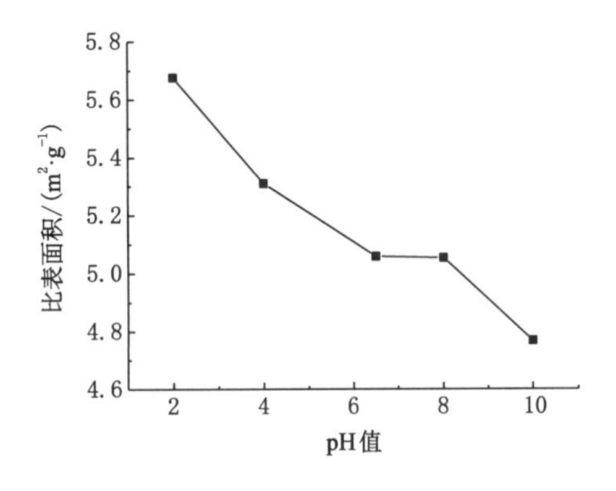

图 3-19 不同 pH 值溶液处理后焦煤的比表面积变化规律

图 3-19 表明,焦煤的比表面积随着处理液 pH 值的增大而不断减小。王美君等[114]研究表明,用盐酸处理过后的煤炭,其基本结构和大分子结构构造(芳香核和烷基侧链)基本不发生改变。盐酸可以洗去煤炭表面的部分硫酸盐以及可溶性的碱金属矿物质,使得煤表面形成凹凸点,进而进一步增加煤炭的比表面积。用 NaOH 溶液处理焦煤,会溶解煤炭表面的部分矿物质,使煤炭表面积增加,同时 NaOH 与煤中的酸性含氧官能团进行反应,当达到一定程度后会造成部分孔隙坍塌,引起比表面积下降。

3.4.5 孔容积和孔径分布

孔的大小分类最早由 Dubinin 提出,后为 IUPAC 采纳,分类为:宽度小于

0.7 nm 的为超微孔，宽度为 0.7～2.0 nm 的为微孔，宽度为 2.0～50.0 nm 的为中孔，宽度大于 50.0 nm 的为大孔[92]。

孔径分布、孔容积等参数可以影响吸附过程中的最大吸附量、等温吸附曲线的形状以及吸附速率等，一般作为平均吸附剂质量好坏的指标。在吸附过程中，不同孔隙具有不同作用，一般情况下如下：

(1) 大孔：主要担任吸附质分子通向吸附剂中孔或微孔的通道。吸附剂中的大孔与中孔和微孔相连，吸附质必须经过大孔才能到达中孔或者微孔中，因此大孔在吸附质的扩散过程中起到决定性的作用，决定吸附质扩散速度的快慢。

(2) 中孔：担任吸附质分子通向微孔的通道，使吸附质分子扩散到微孔中，且对分子直径较大的吸附质分子有吸附作用。中孔的结构和形状往往会影响等温吸附线的滞后环。

(3) 微孔：对吸附质分子有吸附作用。只有微孔大于吸附质分子，吸附质才会进入微孔中进而实现吸附，因此吸附剂的最大吸附量正比于微孔的孔体积。

因此吸附剂所能吸附的分子大小由微孔孔径决定，而其吸附能力由微孔的孔体积决定。中孔的结构和形状往往会影响等温吸附线的滞后环。一般大孔只是担任吸附质分子通向吸附剂中孔或微孔的通道。

3.4.5.1 中孔和大孔孔径分布

采用 Barrett 等[115]提出的 BJH 法计算实验煤样中孔和大孔的孔径分布。

BJH 法采用圆筒形孔模型，假设吸附剂的孔为均匀分布的平均半径为 $\bar{r}$ 的孔，可以推导出平均半径 $\bar{r}$ 与比表面积 S、比孔容 V_p 有以下关系[116]：

$$\bar{r} = \frac{2V_p}{S} \tag{3-23}$$

孔径分布可以根据氮气脱附等温线计算得到。

根据 Kelvin 公式：

$$r = \frac{2V_L \gamma_{表} \cos\theta}{RT\ln\dfrac{p}{p_0}} \tag{3-24}$$

式中，V_L 为液态吸附质(液氮)的摩尔体积，$L \cdot mol^{-1}$(液氮为 3.47×10^{-2} $L \cdot mol^{-1}$)；$\gamma_{表}$ 为液态吸附质(液氮)的表面张力，$N \cdot m^{-1}$；θ 为吸附质(液氮)在吸附剂界面上的接触角，通常为 0°；T 为实验温度，K。

意即相对压力 $\dfrac{p}{p_0}$ 时，吸附剂中小于 r 值的孔径都被吸附质(氮分子)填满，利用公式(3-24)可计算得到相对压力 $\dfrac{p}{p_0}$ 时的 r 值。

假设与此相对压力$\frac{p}{p_0}$对应的吸附量为 x，将其计算换算为液态吸附质（液氮）的体积 V_r $\left(V_r=\frac{x}{\rho_{液氮}}, \rho_{液氮}\text{为液氮吸附质的密度}\right)$。此时的体积 V_r 值为吸附剂中孔径小于或等于 r 值的孔体积值。依此方法，求出不同相对压力$\frac{p}{p_0}$下所相应的 r 及 V_r，作 V_r 与 r 的关系曲线，即为孔体积对孔半径的积分曲线，又叫孔半径的积分分布曲线。在积分分布曲线上的相应点画出曲线的切线斜率$\frac{dV_r}{dr}$，以$\frac{dV_r}{dr}$对 r 作图，即为孔半径与孔体积随孔半径的变化率之间的关系曲线，定义为孔半径的微分分布曲线，吸附剂的最可几半径为曲线的最大值所对应的半径 r_k。

根据褐煤、焦煤和无烟煤吸附-脱附等温线数据，分别计算得到它们的中大孔半径积分分布曲线和微分分布曲线，如图 3-20～图 3-22 所示。

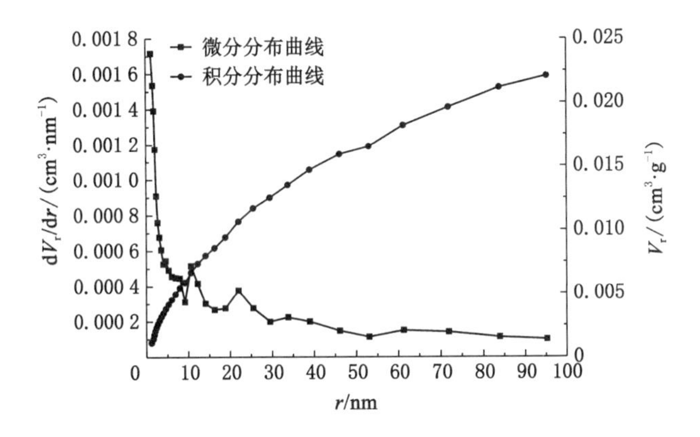

图 3-20 褐煤中大孔半径积分和微分分布曲线

从图 3-20～图 3-22 可见，褐煤、焦煤和无烟煤的孔径分布规律相似。还得到中大孔孔体积及最可几孔径值，如表 3-15 所列。

表 3-15 BJH 法所得中大孔孔体积和最可几孔径

名称	褐煤	焦煤	无烟煤
孔体积/($cm^3 \cdot g^{-1}$)	2.21×10^{-2}	2.13×10^{-2}	2.35×10^{-2}
最可几孔径/nm	1.21	1.21	1.21

根据式(3-23)计算得到 3 种煤样的孔比表面积分布曲线和累积分布曲线，

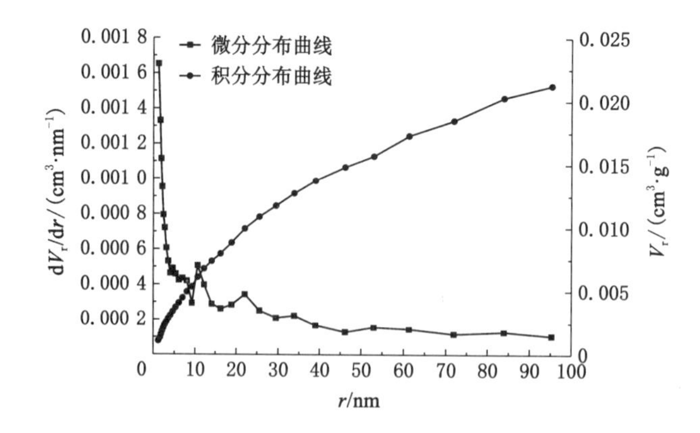

图 3-21 焦煤中大孔半径积分和微分分布曲线

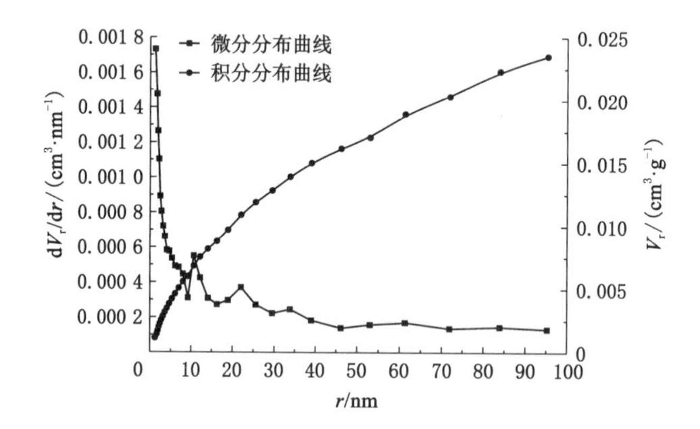

图 3-22 无烟煤中大孔半径积分和微分分布曲线

如图 3-23～图 3-25 所示。

由图 3-23～图 3-25 可见，褐煤、焦煤和无烟煤的中大孔比表面积分布规律相似，并得到中大孔的比表面积及中大孔平均孔径，如表 3-16 所列。

表 3-16 BJH 法所得中大孔比表面积及平均孔径

名称	褐煤	焦煤	无烟煤
中大孔比表面积/($m^2 \cdot g^{-1}$)	5.622 9	5.201 8	5.717 1
中大孔平均孔径/nm	7.851 1	8.168 3	8.228 3

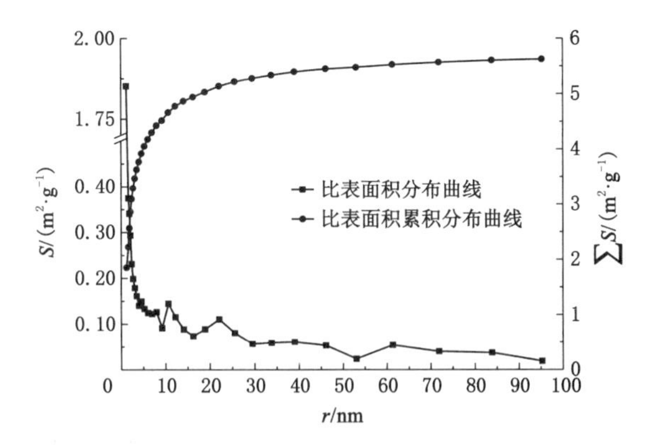

图 3-23 褐煤孔比表面积分布和累积分布曲线

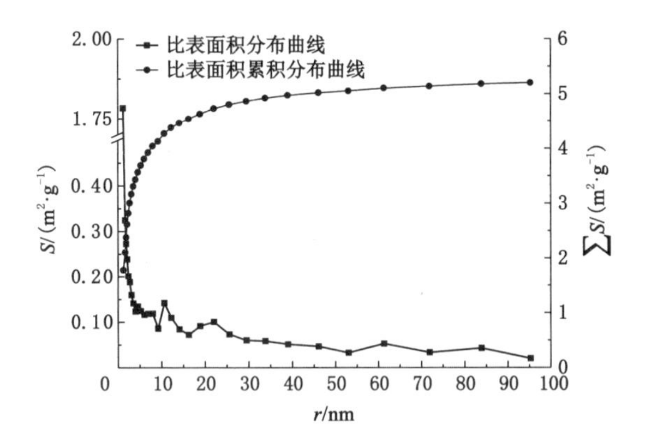

图 3-24 焦煤孔比表面积分布和累积分布曲线

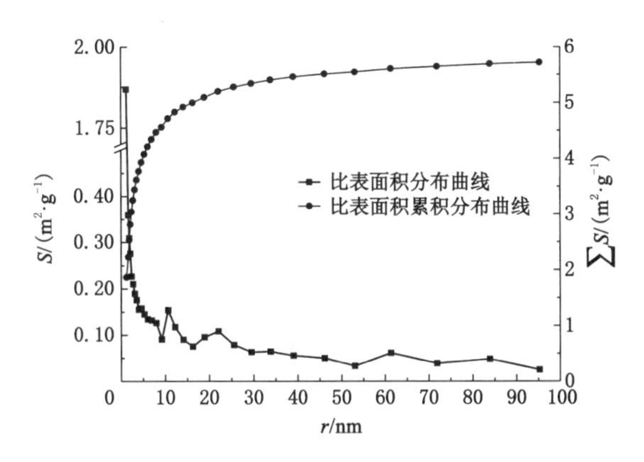

图 3-25 无烟煤孔比表面积分布和累积分布曲线

3.4.5.2 微孔容积和孔径分布

微孔的表面积物理意义并不明确，实际应用价值比较有限，通常将微孔容积和孔径分布作为衡量微孔性质最重要的指标。

(1) H-K 法

采用 Horavathr 和 Kawazoe 提出的 H-K 法计算实验煤样的微孔孔径分布[117]。

在一定的孔径范围内，利用不同孔隙尺寸值(对狭缝孔而言为孔宽度，对具有弯曲特性的孔而言为孔直径)，可以获得出现孔隙填充的临界吸附相对压力 $\frac{p}{p_0}$，利用吸附实验测定值得到 $\frac{p}{p_0}$ 的函数形式表示的相对吸附量。作 V_p 与 r 的关系曲线，可以得到微孔半径的积分曲线，以 $\frac{dV_p}{dr}$ 对 r 作图，得到微孔半径的微分曲线，其最高峰对应的半径 r_{pk} 称为微孔最可几半径。

根据褐煤、焦煤和无烟煤吸附-脱附等温线数据及 H-K 公式模型，计算得到微孔半径的积分分布曲线和微孔半径的微分分布曲线，如图 3-26～图 3-28 所示。

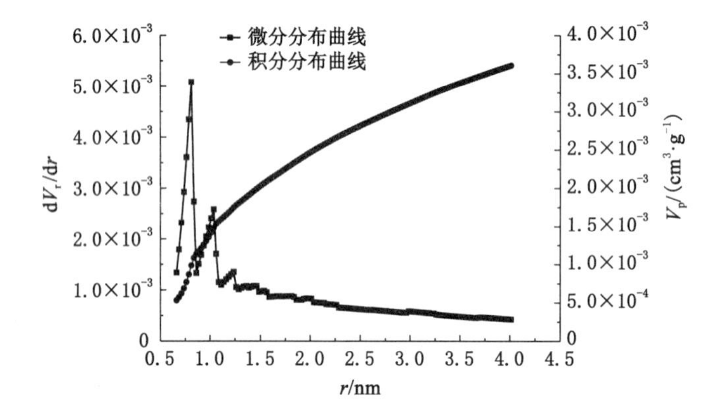

图 3-26 褐煤微孔半径积分和微分分布曲线

根据计算，还得到实验煤样孔径和孔体积参数，如表 3-17 所列。

表 3-17 H-K 法所得微孔孔体积和最可几孔径参数

名称	褐煤	焦煤	无烟煤
微孔孔体积/($cm^3 \cdot g^{-1}$)	3.61×10^{-3}	3.31×10^{-3}	3.65×10^{-3}
微孔最可几孔径/nm	0.81	0.83	0.81

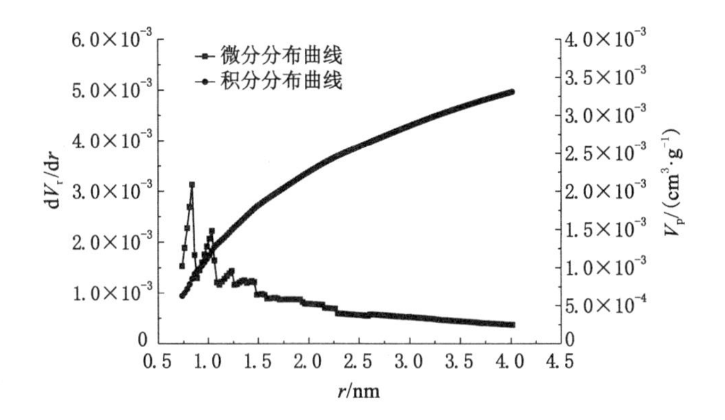

图 3-27 焦煤微孔半径积分和微分分布曲线

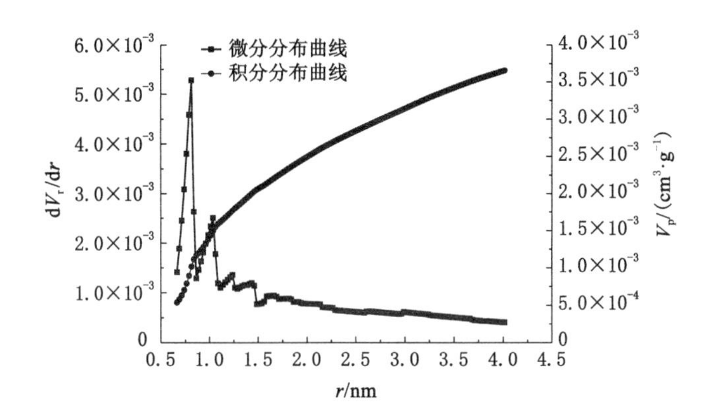

图 3-28 无烟煤微孔半径积分和微分分布曲线

(2) *t*-Plot 法

采用 Lippens 和 De Boer 提出的 *t*-Plot 法计算褐煤、焦煤和无烟煤的孔容分布[118]。

根据不同相对压力 p/p_0 下吸附量 V 和吸附膜厚度 t 数据，作图得到两者之间的曲线为标准等温线，又叫 V-t 曲线。吸附膜的平均厚度 t 为：

$$t = \frac{V}{V_{\mathrm{m}}}\sigma_{\mathrm{t}} \tag{3-25}$$

式中，V 为吸附量；V_{m} 为单分子层饱和吸附量，由式(3-11)求得；σ_{t} 为吸附质单分子厚度，对于氮分子，假定吸附膜中为六方最密堆积，$\sigma_{\mathrm{t}}=0.354$ nm。

Brunauer 等[119]研究表明，球形吸附质分子一般以液态按单层六方密堆积在吸附剂表面吸附，从而推导出分子截面积 σ_m 的计算公式：

$$\sigma_m = 1.091 \times \left(\frac{M}{N_A \rho_l}\right)^{2/3} \tag{3-26}$$

式中，M 为吸附质摩尔质量，$g \cdot mol^{-1}$；N_A 为阿伏伽德罗常数，mol^{-1}；ρ_l 为液态吸附质密度，$g \cdot cm^{-3}$。

氮气是测定等温吸附线时最常用的吸附质，在 77 K 时，液氮密度为 0.808 $g \cdot cm^{-3}$，据式(3-26)计算可得，氮分子截面积为 0.162 nm^2。

使用合适的标准等温线可将相对压力 $\frac{p}{p_0}$ 转换为 t，t 值与相对压力 $\frac{p}{p_0}$ 的关系可用 Halsey 经验方程[120-122]和 Harkins-Jura 经验方程[123-124]进行计算：

$$t = 0.345 \times \left[\frac{-5.00}{\ln \frac{p}{p_0}}\right]^{\frac{1}{3}} \text{(Halsey)} \tag{3-27}$$

$$t = 0.1 \times \left(\frac{32.21}{0.078 - \ln \frac{p}{p_0}}\right)^{\frac{1}{2}} \text{(Harkins-Jura)} \tag{3-28}$$

用吸附量 V 对 t 作图，得到 V-t 图，斜率就是 $k=\frac{V_m}{\sigma_m}$，截距为 I_t，设 α_m 为分子占有面积，N_A 为阿伏伽德罗常数，则比表面积 $S_{面积}$ 为：

$$S_{面积} = \alpha_m V_m N_A = \alpha_m \sigma_m k N_A \tag{3-29}$$

BET 法比表面积 S_{BET} 计算公式为：

$$S_{BET} = 4.353 V_m \tag{3-30}$$

计算微孔比表面积(分子筛表面积)和微孔体积：

$$微孔比表面积 = S_{BET} - S_{面积} \tag{3-31}$$

$$微孔体积 = 1.547 \times 10^{-3} \times I_t \tag{3-32}$$

注：1 mL 标准态的氮气凝聚后的体积为 1.547×10^{-3} mL。

在低的相对压力 $\frac{p}{p_0}$ 下过原点的直线斜率反映的是总比表面积。

根据等温吸附线数据和以上公式，计算得到褐煤、焦煤和无烟煤的 V-t 曲线，如图 3-29～图 3-31 所示。

从图 3-29～图 3-31 的曲线形状上，可以看出 Harkins-Jura 经验方程的曲线更符合实际情况。在相对压力很低时，V-t 曲线先向下偏离直线后向上偏离直线，说明褐煤、焦煤和无烟煤中存在中孔和微孔。

根据图 3-29～图 3-31 计算出微孔表面积、微孔体积及平均孔径，如表 3-18 所列。

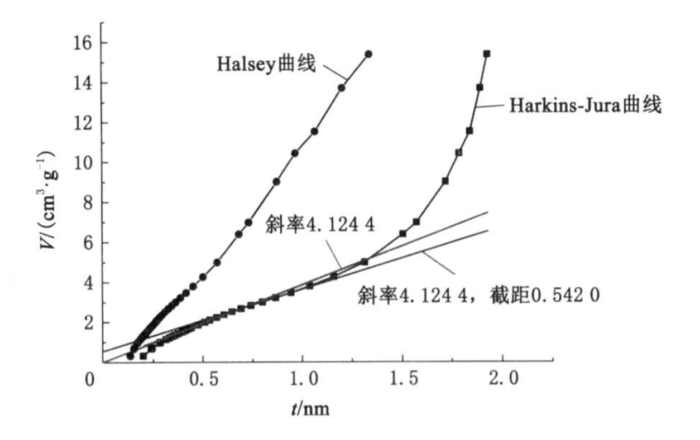

图 3-29　褐煤 V-t 曲线

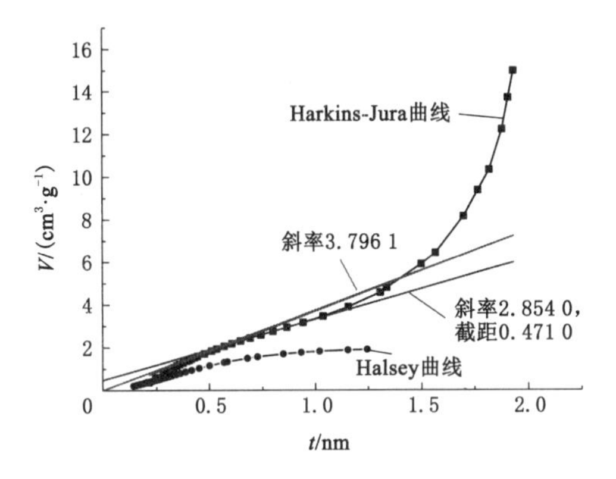

图 3-30　焦煤 V-t 曲线

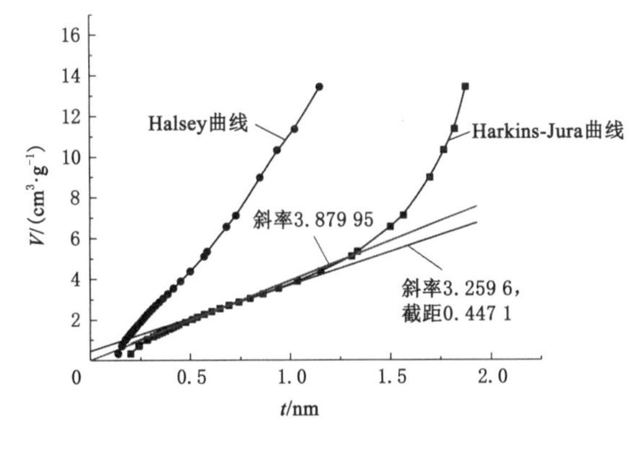

图 3-31　无烟煤 V-t 曲线

表 3-18 *t*-Plot 法计算所得微孔的表面积、孔体积及平均孔径

名称	褐煤	焦煤	无烟煤
表面积/($m^2 \cdot g^{-1}$)	0.377 9	0.379 5	0.676 3
孔体积/($cm^3 \cdot g^{-1}$)	8.40×10^{-4}	7.29×10^{-4}	6.92×10^{-4}
平均孔径/nm	1.45	1.70	1.42

(3) D-R 法

因为微孔内的吸附发生在低压部分，Dubinin 和 Radushkevich 提出了一个根据低压区的等温吸附线的方法，即 D-R 法，基于的是 Polanyi 吸附势理论。该法认为吸附剂分子以体积填充的方式吸附在微孔内，而不是以多层吸附的方式吸附在吸附剂微孔的孔壁上。在单一吸附质体系，吸附势作用下，吸附剂被吸附质充占的体积分数是吸附体积 V(在 p/p_0 时填充的微孔孔容)与极限吸附体积(微孔总孔容)V_0 之比，定义为微孔填充率，公式表示为：

$$\theta = \frac{V}{V_0} = \exp\left[-k\left(\frac{A}{\beta}\right)^2\right] \tag{3-33}$$

式中，β 为亲和系数(对于苯为 1)；n 为系数(煤-有机物体系的 n 取为 2)；k 为与孔径分布曲线的形状即孔结构相关的特征常数；A 为固体表面吸附势。

将 $A=-\Delta G=RT\ln\frac{p}{p_0}$ 代入式(3-33)得到：

$$V = V_0\exp\left[\left(-\frac{k}{\beta^2}\right)\left(RT\ln\frac{p}{p_0}\right)\right]^2 \tag{3-34}$$

取 $D=2.303\frac{kRT}{\beta^2}$，上式变为 D-R 公式：

$$\lg V=\lg V_0-D\left(\lg\frac{p}{p_0}\right)^2 \tag{3-35}$$

以 $\lg V$ 对 $\left(\lg\frac{p}{p_0}\right)^2$ 作图得到 D-R 图，如图 3-32～图 3-34 所示，得到与纵轴的截距为 $\lg V_0$，然后可以计算出微孔总孔容 V_0。

从图 3-32～图 3-34 中可以看出，在相对压力 10^{-5}～10^{-1} 内，D-R 曲线为直线，超过这个压力中孔和大孔内就发生毛细管凝聚，曲线往上偏离直线。

根据 D-R 曲线计算出焦煤、褐煤和无烟煤的微孔体积，如表 3-19 所列。

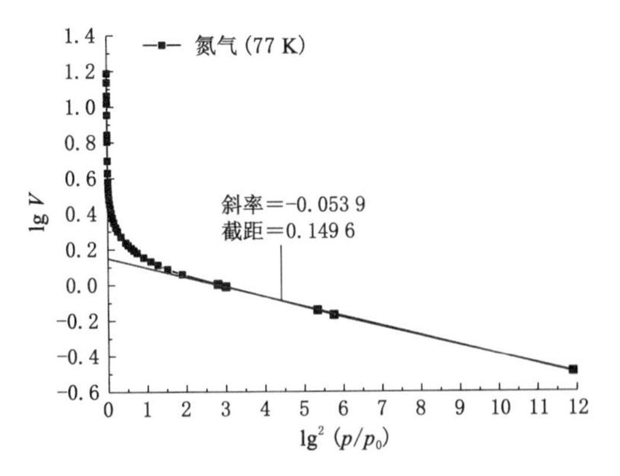

图 3-32 褐煤 D-R 曲线

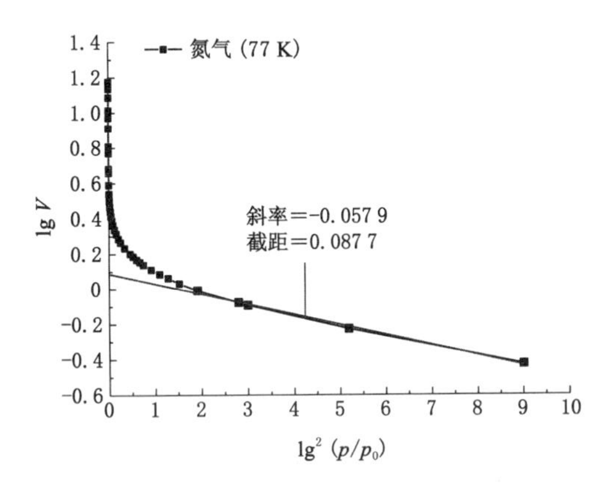

图 3-33 焦煤 D-R 曲线

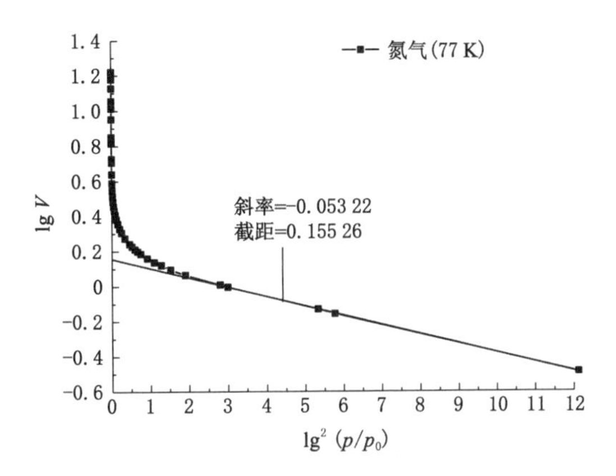

图 3-34 无烟煤 D-R 曲线

表 3-19 D-R 法微孔体积计算结果

名称	褐煤	焦煤	无烟煤
孔体积/($cm^3 \cdot g^{-1}$)	2.183×10^{-3}	1.893×10^{-3}	2.212×10^{-3}

3.4.5.3 几种计算方法结果比较

以上几种计算方法得到的褐煤、焦煤、无烟煤的孔结构参数，汇总列于表 3-20。

表 3-20 褐煤、焦煤和无烟煤的孔结构参数

名称		褐煤	焦煤	无烟煤
孔径	*t*-Plot 法-微孔平均孔径/nm	1.45	1.70	1.42
	BJH 法-中大孔平均孔径/nm	7.85	8.17	8.23
	H-K 法-最可几微孔孔径/nm	0.81	0.83	0.81
	BJH 法-最可几中大孔孔径/nm	1.21	1.21	1.21
比表面积	*t*-Plot 法-微孔表面积/($m^2 \cdot g^{-1}$)	0.377 9	0.379 5	0.676 3
	BJH 法-中大孔表面积/($m^2 \cdot g^{-1}$)	5.622 9	5.201 8	5.717 1
	中大孔表面积占总比表面积百分比/%	96.64	98.04	97.76
孔体积	*t*-Plot 法-微孔孔体积/($cm^3 \cdot g^{-1}$)	8.40×10^{-4}	7.29×10^{-4}	6.92×10^{-4}
	H-K 法-微孔孔体积/($cm^3 \cdot g^{-1}$)	3.61×10^{-3}	3.31×10^{-3}	3.65×10^{-3}
	D-R 法-微孔孔体积/($cm^3 \cdot g^{-1}$)	2.18×10^{-3}	1.89×10^{-3}	2.21×10^{-3}
	BJH 法-中大孔孔体积/($cm^3 \cdot g^{-1}$)	2.21×10^{-2}	2.13×10^{-2}	2.35×10^{-2}

根据表 3-20 可以看出，煤炭的中大孔比表面积占总比表面积的绝大多数，达 96%以上。煤样中大孔的孔体积也占总孔体积的绝大部分，微孔的孔体积较小。因此，当煤样作为吸附剂吸附大分子有机物时，其吸附行为主要发生在中大孔中。从表 3-20 中也可以看出，3 种煤样孔容积大小顺序为无烟煤＞褐煤＞焦煤，中大孔平均孔径大小顺序为无烟煤＞焦煤＞褐煤。

3.5 热重-气相色谱/质谱联用研究

通常矿物（煤样）的物理性质会随着外界温度变化而变化，为了研究两者之间的关系，考察煤样的热稳定性，通常采用热重分析技术。

热重分析法，简称 TG 法，主要测量矿物的质量随着温度变化的关系曲线。操作方法为：将样品放到热重分析仪中，随着温度的不断升高，热重分析仪记录

得到不同温度下样品的质量，然后作图得到热重分析谱图，即为 TG 曲线。用热重-气质联用分析仪对不同煤化程度的煤粉样品同时进行 TG(热失重)和质谱扫描分析测试，可获得反应过程中煤样质量和析出物质的信息。根据 TG 曲线可以判断煤样的热稳定性，根据总离子流色谱图分析推断物质的成分，进而推测煤样中的官能团信息。

差示扫描量热法，简称 DSC 法，是一种热分析法。该法是在程序控制温度下，测量输入到试样和参比物的功率差(如以热的形式)与温度的关系。差示扫描量热仪记录到的曲线称 DSC 曲线。

3 种实验煤样的 TG-DSC 曲线如图 3-35～图 3-37 所示。

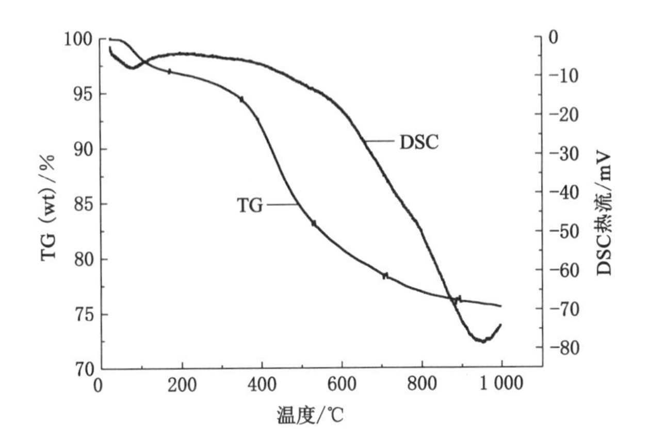

图 3-35　褐煤 TG-DSC 曲线

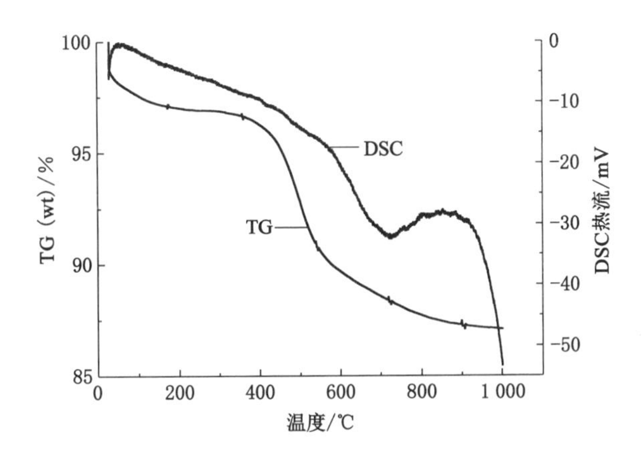

图 3-36　焦煤 TG-DSC 曲线

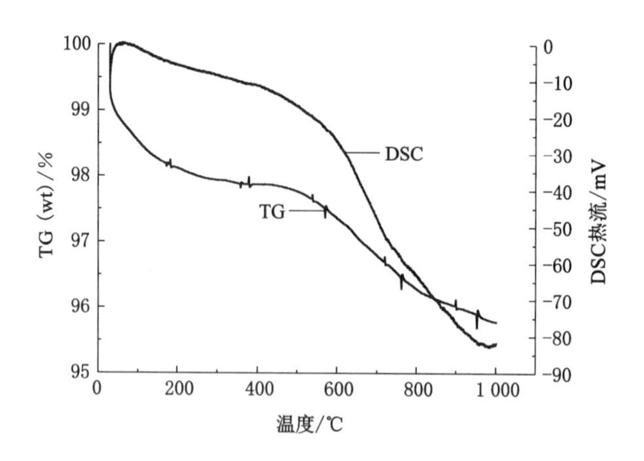

图 3-37 无烟煤 TG-DSC 曲线

从图 3-35～图 3-37 比较分析可以看出:随着温度的提高,煤样失重量不断增加,其中无烟煤的总热重损失最少,褐煤的总热重损失最多,这与煤样工业分析中挥发分含量结果契合;褐煤、焦煤和无烟煤的热解温度分别在 350 ℃左右、400 ℃左右和 500 ℃左右,说明随着煤变质程度的提高,热解温度逐渐提高[125]。煤样中的羰基可在 400 ℃左右裂解,生成 CO。羧基热稳定性低,在 200 ℃即能分解,生成 CO_2 和 H_2O。因此煤作为吸附剂的使用温度应低于 100 ℃,温度较低时煤样稳定,利于吸附。

焦煤、褐煤和无烟煤样品的总离子流色谱图如图 3-38～图 3-40 所示。

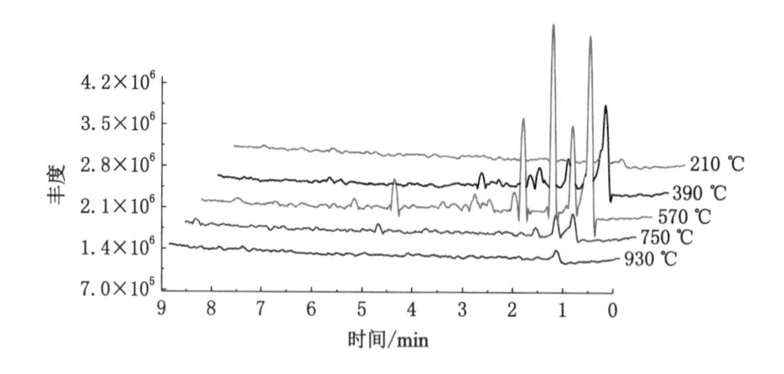

图 3-38 褐煤总离子流色谱图

利用 Origin 软件和谱图库对图 3-38～图 3-40 进行解谱分析,得到的结论为:褐煤的热解气体主要有 SO_2、苯、甲苯、(邻、间、对)二甲苯和三甲基苯等;焦煤的热

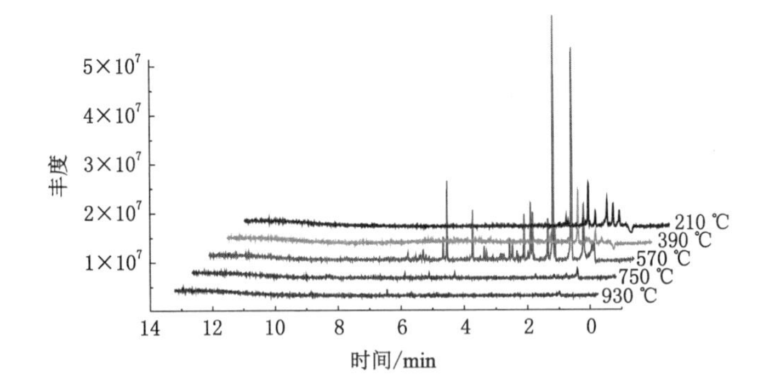

图 3-39 焦煤总离子流色谱图

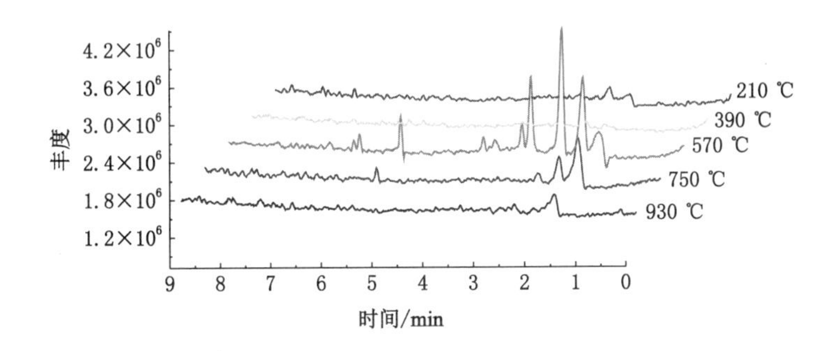

图 3-40 无烟煤总离子流色谱图

解气体主要有环己烷、苯、甲苯、乙苯、(邻、间、对)二甲苯、三甲基苯、萘以及其他苯的衍生物等;无烟煤的热解气体比较少,主要有十八烷、十二烷、苯、甲苯、对二甲苯、萘等。煤炭热解反应主要包括脱水、脱氢、裂解、裂化及缩合。根据热解产物推测煤样中含氧官能团主要为羟基、羧基、羰基,也含有少量酚羟基和内酯基等。根据热解产物及 TG 损失量,推测 3 种煤样中,褐煤含氧官能团含量最多,其次是焦煤,无烟煤最少。

3.6 本章小结

本章利用 XRF、XRD、SEM、FTIR、BEL 全自动吸附仪、热重-气相色谱/质谱联用等设备对 3 种实验煤样的理化性质进行了测试研究分析,得到以下结论:

(1) 通过对褐煤、焦煤和无烟煤的 XRF、XRD、SEM 和 FTIR 研究分析,得到了 3 种煤样的矿物组成、表面微观形貌以及表面的含氧官能团组成。3 种煤样矿物组成相似，主要脉石矿物为高岭土和石英，褐煤灰分最高，脉石矿物含量最高；煤样表面粗糙且凹凸不平；煤样表面含氧官能团随着煤化程度的提高而减少。

(2) 用滴定法分析测量了不同含氧官能团的含量，结果表明随着煤变质程度提高，煤结构分子中不规则部分减少，烷基侧链和含氧官能团含量减少。

(3) 对褐煤、焦煤和无烟煤的比表面积进行了测试计算分析，比表面积大小顺序为无烟煤＞褐煤＞焦煤，BET 法计算值分别为 6.147 9 $m^2 \cdot g^{-1}$、6.087 6 $m^2 \cdot g^{-1}$和5.786 4 $m^2 \cdot g^{-1}$。

(4) 研究了 pH 值对焦煤比表面积的影响，结果表明煤样的比表面积随着处理溶液 pH 值的增大而不断减小。

(5) 对褐煤、焦煤和无烟煤的孔隙结构进行了测试、计算和分析，得到 3 种煤样的孔比表面积、孔容积、孔径分布等孔隙性能特征。褐煤、焦煤和无烟煤的中大孔比表面积占总比表面的绝大多数，占比 96%以上，且中大孔的孔体积占总孔体积的绝大部分，说明当煤样作为吸附剂时，其大分子有机物的吸附行为主要发生在中大孔中。煤样的孔容积大小顺序为无烟煤＞褐煤＞焦煤，中大孔平均孔径大小顺序为无烟煤＞焦煤＞褐煤。

(6) 根据热重-气相色谱/质谱联用分析研究，煤粉作为吸附剂的使用温度应低于 100 ℃，温度较低时煤样较稳定，利于吸附；褐煤中含氧官能团含量最多，其次是焦煤，无烟煤最少。根据热解产物种类，推测煤样中含氧官能团主要为羟基、羧基、羰基，也含有少量酚羟基和内酯基等。

4 实验焦化废水理化性质

焦化废水是在煤制焦炭、煤气净化、煤制焦油、化工产品回收和化工产品精制过程中产生的，成分极其复杂、有机污染物浓度高、毒性大、难生化处理、难降解[126]。

焦化废水的处理一直是国内外废水处理领域的一大难题，为了更好地认识焦化废水，了解焦化废水中成分组成，本章对实验用焦化废水的理化性质进行了研究分析，为焦化废水的处理提供更详细的数据支持。

4.1 样品来源

实验所用水样为徐州华裕煤气有限公司(以下简称华裕公司)脱酚蒸氨后的有机焦化废水。目前，华裕公司脱酚蒸氨后废水处理采用的工艺为：废水经过气浮隔油池后，进入好氧/缺氧工艺，通过反硝化将废水中的氨氮处理至达到排放标准。流经缺氧池后，废水进入絮凝反应池，通过絮凝沉淀去除掉大分子有机物。经沉淀池流出的水经过滤池，通过紫外消毒等工艺流程达到排放和回用的标准。

为保证采集的污水具有代表性，从华裕公司脱酚蒸氨后的出水口接取实验用高浓度焦化废水，每隔 30 min 取 1 L 出水，共取得 50 L。运回实验室后，为保证水样性质稳定，将水样混匀后均分为 10 份，分别装到 5 L 的容器中，将容器放于冰箱中冷藏。为了确定实验中水样的一致性，每隔一周分别从各容器中取一次水样，测试其水质指标，从而判断水质是否发生变化。

实验采集的原水样外观可见图 4-1。

4.2 常规水质分析

不同行业或不同工艺产生的工业废水，往往具有不同的特点。对原水水质指标进行检测，了解该类型污水的特点，有助于后续实验研究方案的制定。本章对华裕公司所取废水进行常规水质分析，主要测定了 COD、氨氮(NH_3-N)含

图 4-1 实验用焦化废水水样

量、挥发酚等指标。

4.2.1 实验方法

(1) COD_{Cr}的检测方法——重铬酸钾化学滴定法

利用氧化还原原理，在强酸性溶液中用一定量的重铬酸钾溶液氧化焦化废水中的还原性物质(以芳香族化合物为主)，在溶液中加入试亚铁灵作为指示剂，用硫酸亚铁铵标准滴定溶液滴定过量的重铬酸钾溶液，得到重铬酸钾溶液的用量，根据其用量来计算焦化废水中还原性物质的化学需氧量。

(2) 氨氮含量的检测方法——水杨酸分光光度法

将溶液的 pH 值调到 11.7，在溶液中加入亚硝基五氰络铁(三价)酸钠，水中的氨氮(NH_3-N)将与水杨酸盐和次氯酸离子反应，生成蓝色的靛芬蓝，此时将溶液放于分光光度计下，波长设为 697 nm，测量溶液的吸光度。将标准曲线系列溶液的氨氮含量作为横坐标，其对应测得吸光度减去空白实验吸光度的值作为纵坐标，绘制标准曲线，结果如 4-2 所示。

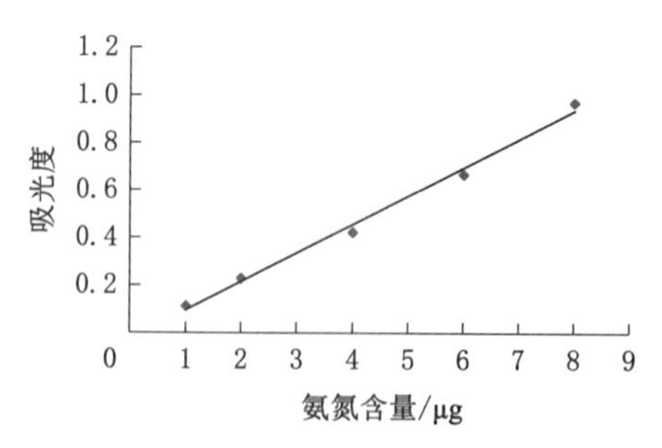

图 4-2 氨氮含量测定标准曲线

得到氨氮测定的标准曲线为 $y=0.120x-0.024$。

水样中氨氮的浓度计算公式：

$$\rho_N=\frac{A_s-A_b-a}{b\times V_{水}} \tag{4-1}$$

式中，ρ_N 为氨氮的浓度，$mg\cdot L^{-1}$，以氮(N)计；A_s 为水样的吸光度；A_b 为空白实验的吸光度；a 为标准曲线的截距；b 为标准曲线的斜率；$V_{水}$ 为所取水样的体积，mL。

(3) 挥发酚的检测方法——4-氨基安替比林直接分光光度法

采用蒸馏手段将挥发酚物质蒸出，在 pH 为 10 ± 0.2 的介质中，同时有铁氰化钾存在的情况下，挥发酚与 4-氨基安替比林生成橙红色的物质，用分光光度计在 510 nm 波长处可测其吸光度。将标准曲线系列溶液的酚含量作为横坐标，其相应测得的吸光度减去空白实验的吸光度作为纵坐标，绘制标准曲线，结果如图 4-3 所示。

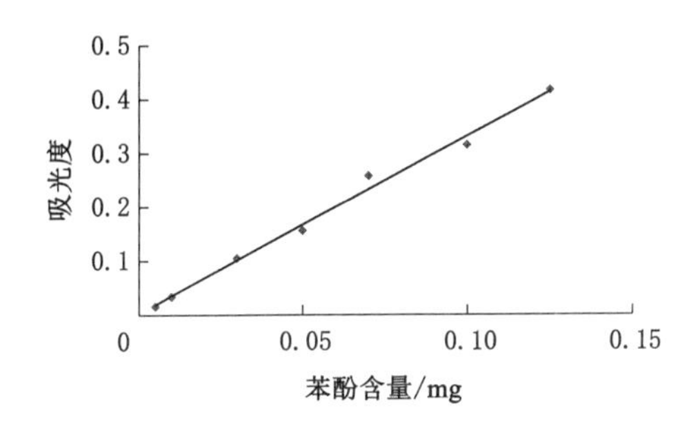

图 4-3　苯酚测定标准曲线

得到挥发酚测定的标准曲线为：$y=3.292x+0.002$。

水样中的挥发酚浓度计算公式：

$$\rho_P=\frac{A_s-A_b-a}{b\times V_{水}}\times 1\ 000 \tag{4-2}$$

式中，ρ_P 为挥发酚的浓度，$mg\cdot L^{-1}$，以苯酚计；A_s 为水样的吸光度；A_b 为空白实验的吸光度；a 为标准曲线的截距；b 为标准曲线的斜率；$V_{水}$ 为所取水样的体积，mL。

4.2.2　检测结果

具体检测结果见表 4-1。

表 4-1 徐州华裕煤气焦化废水水质指标

水质指标	检测结果
颜色	红褐色
气味	有恶臭,并有轻微的油味
pH	9.56
COD/(mg·L^{-1})	7 600.00
挥发酚含量/(mg·L^{-1})	418.35
氨氮含量/(mg·L^{-1})	118.50

由表 4-1 可知,实验水样的 pH 值为 9.56,属碱性水质。由于水中含有挥发酚浓度较高,加上硫化物、氰化物等使水样具有较大的恶臭味。废水虽经蒸氨脱酚,但挥发酚和氨氮的含量仍较高,分别达到 418.35 mg·L^{-1}和 118.50 mg·L^{-1}。

4.3 废水中有机物组成检测

4.3.1 实验方法

(1) 水样预处理

在 500 mL 的分液漏斗中,加入 100 mL 水样,向分液漏斗中加入 50 mL 二氯甲烷,盖紧盖子,上下摇晃分液漏斗,静置 2 min,将下部有机溶液放出。重复上述操作,直至萃取后的有机溶剂变成无色。向萃取好的二氯甲烷中加入无水硫酸钠,过滤,利用旋蒸器将有机溶液浓缩至 10 mL 左右,得到测定溶液。

(2) GC/MS 的设定

色谱仪的条件设定:样品进口温度设定为 260 ℃,开始温度为 40 ℃,在 40 ℃停留 2 min,然后以每分钟 5 ℃的升温速度升高到 250 ℃,再以每分钟 10 ℃的升温速度升到 260 ℃,在 260 ℃停留 2 min,升温时间设为 47 min;分流比设为 20∶1;氦气的流速设为 1 mL·min^{-1};压力为 0.5 MPa;进样量设为 1 μL。

质谱仪的条件设定:选择 EI 模式,溶剂延迟时间设定为 3 min,质量数扫描范围设定为 40～650。

(3) 计算校正因子

利用已知浓度的标准物质溶液,用 GC/MS 测定得到其标准图谱,并通过计算其峰面积来获得各标准物质的校正因子,计算公式为:

$$f = C/A \tag{4-3}$$

式中,C 为标准物质溶液的浓度;A 为标准物质的谱图的峰面积。

(4) 误差控制

为了确保分析结果的有效性和准确性,减少测定数据的误差,采取了空白实验校正、图谱曲线校正、双份样品平行测定以及误差校正等方法。

(5) 样品的测定

将浓缩后制成的测定样用 GC/MS 进行测定,得到谱图,然后利用计算机软件和 NIST 谱库对所得谱图中的各个峰进行检索,来确定焦化废水中主要的有机物,并对有机组分进行定性和定量分析。

(6) 空白实验校正

以超纯水代替测定样品,按照与测定焦化废水同样的操作分析步骤进行浓度测定,同时进行双份样品的空白实验测定,在相对偏差不超过 50%的情况下,取两份平行样品测定浓度的平均值作为空白实验的校正值。

4.3.2 检测结果

根据 GC/MS 的检测结果(图 4-4),实验水样的主要污染物为挥发酚,约占总有机物含量的 90%以上。根据谱图分析和峰面积的定量计算,有机污染物具体比例为:苯酚占主要成分,大约为 66.73%;其次是甲基苯酚,约占 21.37%;还有苯胺占 2.02%、喹啉类占 2.67%、吡啶类占 2.43%、吲哚类占 2.93%;此外,还含有咪唑、噻吩等大分子稠环类物质,但含量较少。

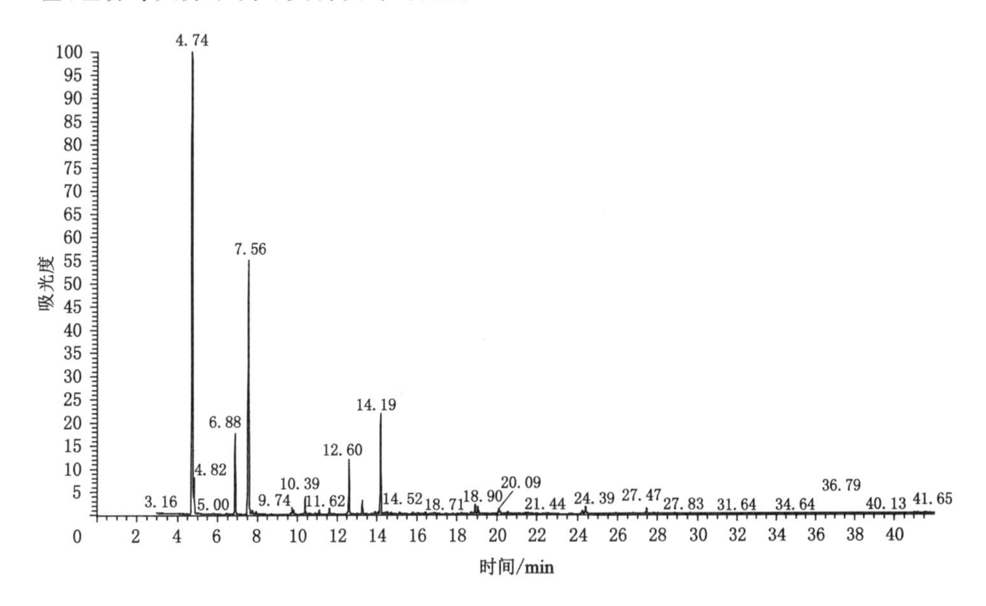

图 4-4 实验废水 GC/MS 谱图

4.4 本章小结

本章对实验废水做了常规水质分析方法和 GC/MS 分析，主要结论如下：

（1）实验废水呈红褐色，具有恶臭味，COD、挥发酚和氨氮含量较高，其值分别达到 7 600.00 $mg \cdot L^{-1}$、418.35 $mg \cdot L^{-1}$、118.50 $mg \cdot L^{-1}$。

（2）通过 GC/MS 分析，了解到实验废水中的主要有机污染物是苯酚类，其次是喹啉类、吡啶类、吲哚类，还有少量大分子稠环类物质。

5　煤的静态吸附性能研究

本质上而言，吸附过程是一种物质分子附着在另外一种物质界面上的过程。吸附现象主要发生在气固界面或液固界面，因此吸附现象跟界面张力、界面自由能等息息相关。发生吸附的原因主要有两种，以液体中的有机物分子吸附到固体表面为例，一种为有机物分子，不溶于水，具有疏水性，受到水分子的排斥力而附着到固体界面上；另一种为有机物分子受到范德瓦尔斯力、静电作用力等吸引力的作用，被固体表面吸引而附着到固体界面上。通常吸附过程比较复杂，两种情况同时存在。吸附剂的吸附能力主要受到吸附剂的孔隙率、孔隙结构、孔径大小、比表面积等因素的影响，吸附速率受吸附环境温度、溶液 pH 值、吸附质溶液浓度等吸附环境的影响，此外吸附质分子直径小于且越接近吸附剂孔径大小，吸附越容易进行。

根据第 4 章中对焦化废水的理化性质研究结果，实验废水中苯酚是有机污染物的主要成分，大约占 66.73%，另外喹啉类占 2.67%、吡啶类占 2.43%、吲哚类占 2.93%，同时这 4 类有机物都是典型的难降解大分子有机物。因此，本章以苯酚、喹啉、吡啶和吲哚为研究对象，复配含单一或混合有机物的模拟焦化废水，研究煤炭对它们的吸附效果和吸附规律。通过静态吸附实验，研究煤粉投加量、恒温振荡吸附时间、溶液 pH 值、溶液浓度和振荡吸附温度等因素对溶液中 4 类单一大分子有机物去除率的影响，同时研究煤样对混合有机物溶液的吸附效果。

5.1　实验部分

5.1.1　静态吸附实验方法

静态吸附实验步骤如下：

① 取 4 个烧杯，用分析天平分别准确称取喹啉、吡啶、吲哚和苯酚（分析纯）各 1.000 g 放到烧杯中，加去离子水溶解后移入 1 L 的容量瓶，定容至 1 L，振荡摇晃至溶解均匀，得到 4 种浓度均为 1 000 mg·L^{-1}的有机物储备溶液。

② 根据实验废水中有机物的浓度，计算所需有机物储备溶液的体积，按照

计算体积值取储备溶液加入 100 mL 的锥形瓶中，再向锥形瓶中添加去离子水到刻度线，摇晃均匀，所得即为模拟焦化废水。

③ 用电子天平准确称量一定质量的煤粉，然后将煤粉加入锥形瓶中，用保鲜膜将锥形瓶口密封，然后将锥形瓶放置于恒温振荡器上振荡。

④ 打开恒温振荡器开关，用秒表开始计时，以 200 r/min 的速度振荡一定时间后，停止振荡，取出锥形瓶，然后将锥形瓶中的溶液倒入离心杯中，用高速离心机离心分离 10 min。

⑤ 关闭离心机，然后将离心杯中的溶液进行过滤，分离煤粉和滤液，滤液即为吸附处理过的模拟焦化废水。将其倒入烧杯中，用紫外分光光度计法测试其有机物浓度，并记录数据。

⑥ 为测定吸附速率，同时振荡 n 个锥形瓶，根据振荡时间依次取出锥形瓶，离心(转速 4 000 r/min)、过滤，测定滤液中的有机物浓度，记录数据。

5.1.2 单一有机物浓度的测定方法

单一有机物的浓度采用紫外分光光度计法进行测定。

5.1.2.1 特征吸光度的测定

物质对光吸收有选择性，单一物质在特定波长下具有最大的吸光度，吸光度越大，测试结果越精确。本书利用 UV-4802S 紫外分光光度计对 1 000 mg · L^{-1}的有机物(喹啉、吡啶、吲哚和苯酚)溶液进行全波长扫描，以确定 4 类有机物的最大吸光度的光波长。

(1) 喹啉、吡啶和吲哚最大吸光度波长的测定

实验过程：选择去离子水作为对照溶液并置于比色皿 1 中，将喹啉、吡啶和吲哚溶液置于石英比色皿 2 中，将两个比色皿分别放于分光光度计的参比光路和测定光路的样品槽中，用紫外分光光度计进行全波长光谱扫描，得到紫外吸收全波长光谱图，结果如图 5-1、图 5-2 和图 5-3 所示。

扫描谱图结果显示：喹啉、吡啶和吲哚分别在波长 278 nm、256 nm 和 271 nm 处具有最大吸收峰值。

(2) 苯酚最大吸光度波长的测定

苯酚浓度的测定一般采用 4-氨基安替比林分光光度法，但是这种方法操作复杂且误差较大。黄君礼等[127]研究表明，苯酚的水溶液在碱性条件下对特定波长的光具有明显的吸收，将加碱后的水样作为测试样、加酸后的水样作为对照样，可以进一步提高测试样的吸光度值，测试结果更加准确。

实验过程：取两个玻璃试管标号 1 和 2，用移液管分别移取 10 mL 水样到试管中，用胶头滴管在试管 1 中滴入 10 mol · L^{-1}的氢氧化钠溶液 1 滴，在试管 2

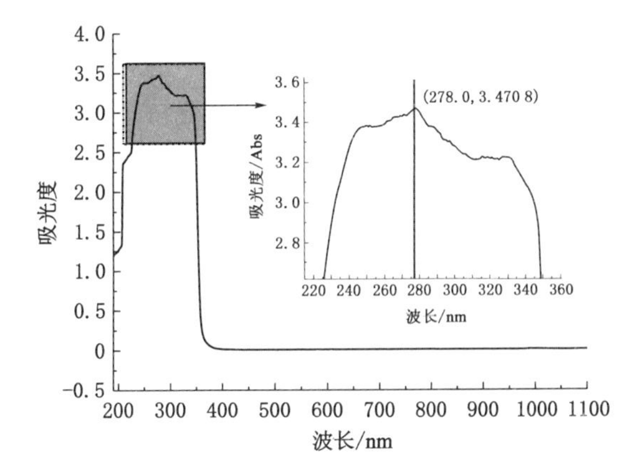

图 5-1 喹啉溶液 UV 全波长扫描谱图

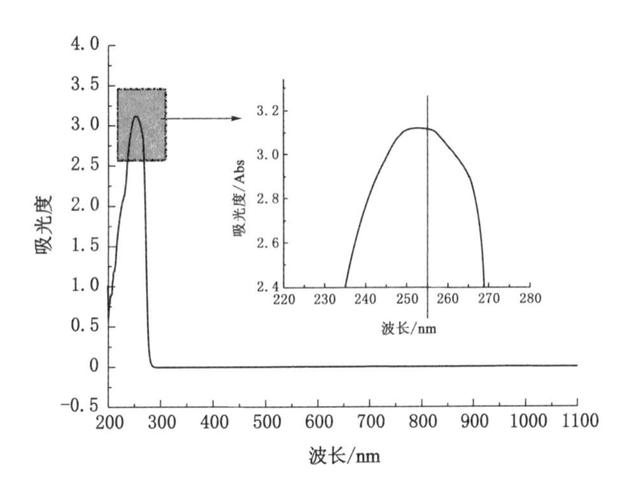

图 5-2 吡啶溶液 UV 全波长扫描谱图

中滴入 0.5 mol·L^{-1}的盐酸溶液 1 滴。将试管中水样分别混合均匀。碱化处理后的水样作测试样，酸化处理后的水样作对照样，放到紫外分光光度计中进行全波长光谱扫描，获得的紫外吸收全波长光谱图如图 5-4 所示。

扫描谱图结果显示，加入氢氧化钠的苯酚水溶液在波长 288.0 nm 处会出现最大吸收峰值。

5.1.2.2 浓度-吸光度标准曲线的绘制

(1) 喹啉、吡啶和吲哚的标准曲线的绘制

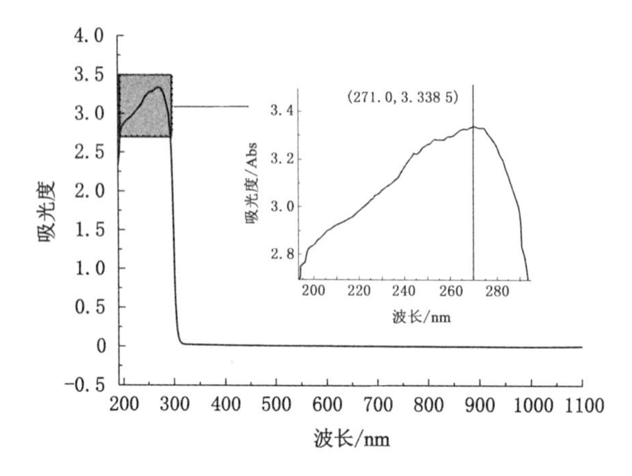

图 5-3 吲哚溶液 UV 全波长扫描谱图

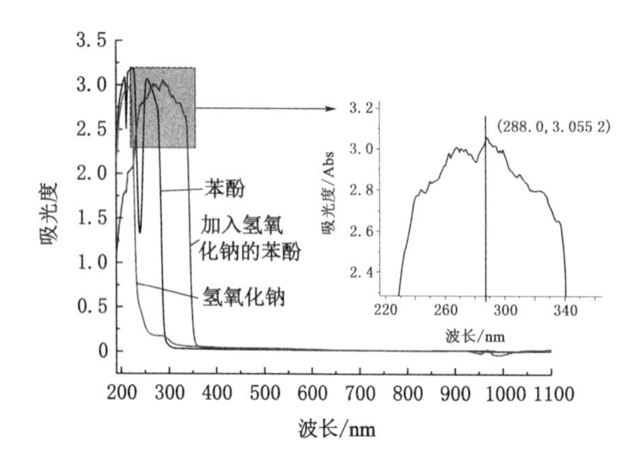

图 5-4 苯酚、氢氧化钠和加入氢氧化钠的苯酚溶液的全波长 UV 扫描谱图

用 1 000 mg · L^{-1}喹啉储备溶液稀释，分别制取浓度为 5 mg · L^{-1}、10 mg · L^{-1}、15 mg · L^{-1}、20 mg · L^{-1}、30 mg · L^{-1}、40 mg · L^{-1}、50 mg · L^{-1}、70 mg · L^{-1}、100 mg · L^{-1}的喹啉溶液。利用紫外分光光度计，波长设定为 278 nm，测定得到每个溶液浓度所对应的吸光度值，结果如表 5-1 所列。

表 5-1 不同浓度的喹啉溶液吸光度测量结果

浓度 $C/(mg\cdot L^{-1})$	5	10	15	20	30	40	50	70	100
吸光度 A	0.147	0.262	0.382	0.489	0.747	0.975	1.210	1.668	2.360

利用 Excel 表和内置的线性回归方程对表 5-1 中的数据作图和方程拟合，得到在波长 278 nm 下喹啉的标准曲线，如图 5-5 所示。

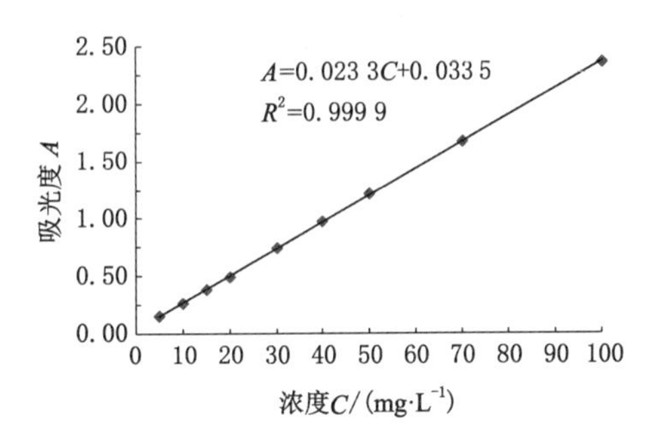

图 5-5 喹啉的标准曲线

该曲线线性回归方程为：$A=0.023\ 3C+0.033\ 5$。在 0～100 $mg\cdot L^{-1}$浓度范围内，该拟合方程符合朗伯-比尔定律，相关系数 $R^2>0.999$，说明方程的相关性较好，可作为标准曲线用于喹啉溶液的浓度测定计算。

用同样的方法，波长设定为 256 nm，测定得到吡啶溶液浓度所对应的吸光度值，如表 5-2 所列。

表 5-2 不同浓度的吡啶溶液吸光度测量结果

浓度 $C/(mg\cdot L^{-1})$	5	10	15	20	30	40	50	70
吸光度 A	0.163	0.333	0.487	0.613	0.918	1.228	1.514	2.118

利用 Excel 表和内置的线性回归方程对表 5-2 中的数据作图和方程拟合，得到在波长 256 nm 下吡啶的标准曲线，如图 5-6 所示。

该曲线线性回归方程为：$A=0.029\ 9C+0.025\ 1$。在 0～70 $mg\cdot L^{-1}$浓度范围内，该拟合方程符合朗伯-比尔定律，相关系数 $R^2>0.999$，说明方程的相关性较好，可作为标准曲线用于吡啶溶液的浓度测定计算。

同样，波长设定为 271 nm，测定得到吲哚溶液浓度所对应的吸光度值，如表 5-3 所列。

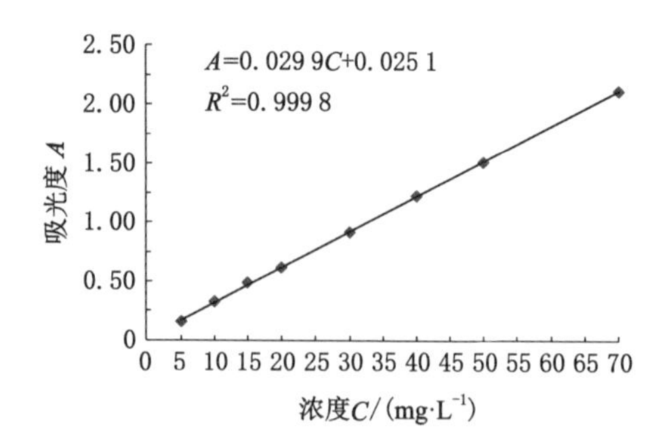

图 5-6 吡啶的标准曲线

表 5-3 不同浓度的吲哚溶液吸光度测量结果

浓度 C/(mg·L^{-1})	5	10	15	20	30	40	50
吸光度 A	0.233	0.46	0.690	0.893	1.328	1.758	2.125

利用 Excel 表和内置的线性回归方程对表 5-3 中的数据作图和方程拟合，得到在波长 271 nm 下的吲哚的标准曲线，如图 5-7 所示。

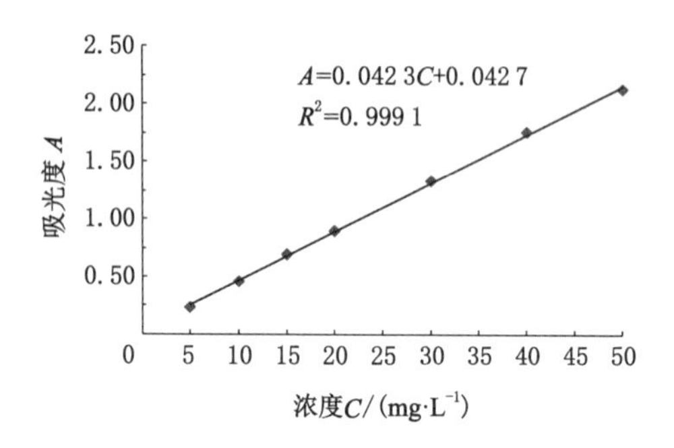

图 5-7 吲哚的标准曲线

该曲线线性回归方程为：$A=0.042\ 3C+0.042\ 7$。在 0～50 mg·L^{-1}浓度范围内，该拟合方程符合朗伯-比尔定律，相关系数 $R^2>0.999$，说明方程的相关性较好，可作为标准曲线用于吲哚溶液的浓度测定计算。

(2) 苯酚的标准曲线的绘制

用移液管分别移取浓度 1 000 mg·L^{-1}的苯酚储备液 0.5 mL、1.0 mL、1.5 mL、2.0 mL、3.0 mL、4.0 mL、5.0 mL、7.0 mL、10.0 mL 各置于 50 mL 的容量瓶中，加去离子水稀释至容量瓶刻度线，得到浓度分别为 5 mg·L^{-1}、

10 mg・L^{-1}、15 mg・L^{-1}、20 mg・L^{-1}、30 mg・L^{-1}、40 mg・L^{-1}、50 mg・L^{-1}、70 mg・L^{-1}、100 mg・L^{-1}的苯酚溶液。

取2个玻璃试管标号1和2,用移液管分别移取10 mL苯酚溶液到试管中,用胶头滴管在试管1中滴入10 mol・L^{-1}的氢氧化钠溶液1滴,在试管2中滴入0.5 mol・L^{-1}的盐酸溶液1滴。将2个试管中水样分别振荡均匀。碱化处理后的水样作测试样,酸化处理后的水样作对照样,波长设定为288 nm,用紫外分光光度计测定每个溶液浓度所对应的吸光度值,结果如表5-4所列。

表5-4 不同浓度的苯酚溶液吸光度测量结果

浓度 C/(mg・L^{-1})	5	10	15	20	25	30	50	70	100
吸光度 A	0.155	0.322	0.473	0.578	0.762	0.905	1.408	1.948	2.74

利用Excel表和内置的线性回归方程对表5-4中的数据作图和方程拟合,得到在波长271 nm下苯酚的标准曲线,如图5-8所示。

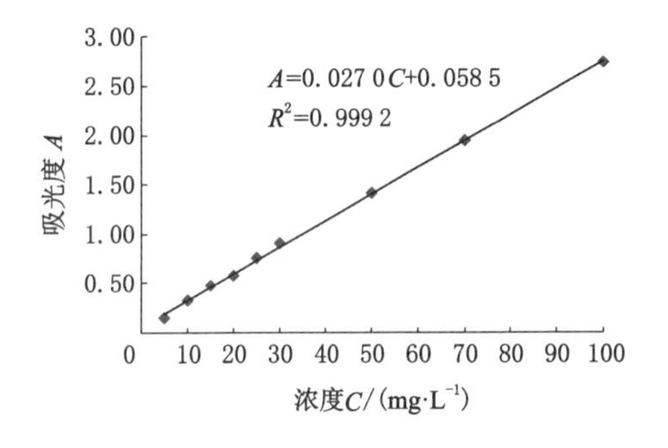

图5-8 苯酚的标准曲线

该曲线线性回归方程为:$A=0.027C+0.058\ 5$。在0~100 mg・L^{-1}浓度范围内,该拟合方程符合朗伯-比尔定律,相关系数$R^2>0.999$,说明方程的相关性较好,可作为标准曲线用于苯酚溶液的浓度测定计算。

5.1.3 混合有机物的测定方法

5.1.3.1 测定原理

由于吸光度有加和的特点,即混合溶液在特定波长下的总吸光度等于混合溶液中各单一组分溶液在特定波长下的吸光度的总和,因此可以通过测定不同波长下混合溶液的吸光度,对联立方程进行求解,得到混合溶液中各单一组分的百分含量。如果混合溶液中存在4种有机物,则有:

$$A_{\lambda_1}=A_{11}C_1b+A_{12}C_2b+A_{13}C_3b+A_{14}C_4b$$
$$A_{\lambda_2}=A_{21}C_1b+A_{22}C_2b+A_{23}C_3b+A_{24}C_4b$$
$$A_{\lambda_3}=A_{31}C_1b+A_{32}C_2b+A_{33}C_3b+A_{34}C_4b$$
$$A_{\lambda_4}=A_{41}C_1b+A_{42}C_2b+A_{43}C_3b+A_{44}C_4b$$

式中,$b=1$ cm(标准石英比色皿的光程长度);A_{ij}($i,j=1,2,3,4$)为各有机物组分在波长 $\lambda_1,\lambda_2,\lambda_3,\lambda_4$ 处的吸光系数,$L\cdot(mg\cdot cm)^{-1}$,或称毫克分子吸收率,可通过绘制各单一有机物在不同波长下的标准曲线求得;$A_{\lambda_1},A_{\lambda_2},A_{\lambda_3},A_{\lambda_4}$ 为在波长 $\lambda_1,\lambda_2,\lambda_3,\lambda_4$ 处测得混合溶液的总吸光度值;C_1,C_2,C_3,C_4 为混合溶液中各单一有机物组分的浓度,$mg\cdot L^{-1}$。

因此,将通过各单一有机物在不同波长下的标准曲线得到的 A_{ij}($i,j=1,2,3,4$)及混合溶液在 4 个波长处测得的总吸光度 A_{λ_i},代入联立方程组求解即可得到混合溶液中各单一有机物组分的浓度。利用 Matlab 建立四元一次方程组,将吸光系数 A_{ij} 及总吸光度值 A_{λ_i} 代入方程组,利用 Matlab 求解。

5.1.3.2 吸光系数 A_{ij} 的测定

根据单一有机物的测定方法及步骤,绘制喹啉、吡啶、吲哚和苯酚 4 种有机物的单一溶液在 256 nm、271 nm、278 nm、288 nm 下的标准曲线并进行线性回归方程拟合,结果如图 5-9～图 5-18 所示。

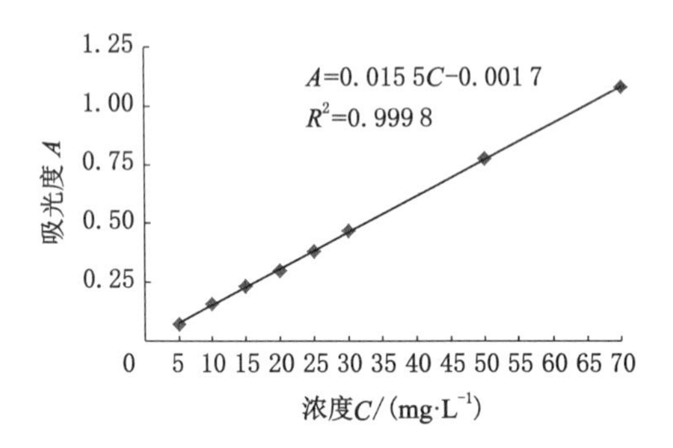

图 5-9 波长 256 nm 下喹啉的吸光度标准曲线

根据图 5-2 可知吡啶在波长 278 nm 和 288 nm 下吸光度为 0,因此吡啶在波长 278 nm 和 288 nm 下的吸收系数为 0。

根据图 5-9～图 5-18 得到 4 种有机物不同波长下的吸收系数,如表 5-5 所列。

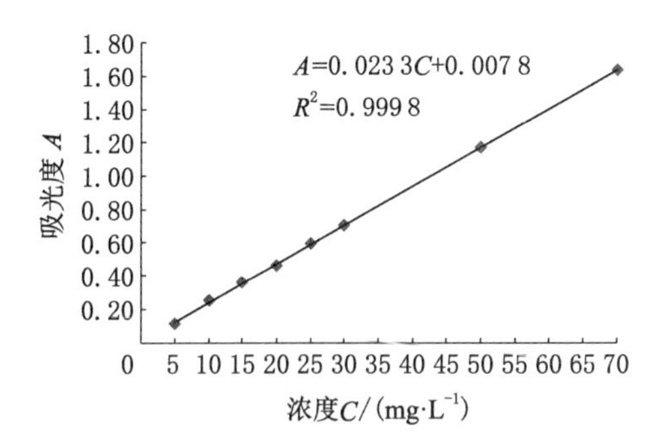

图 5-10 波长 271 nm 下喹啉的吸光度标准曲线

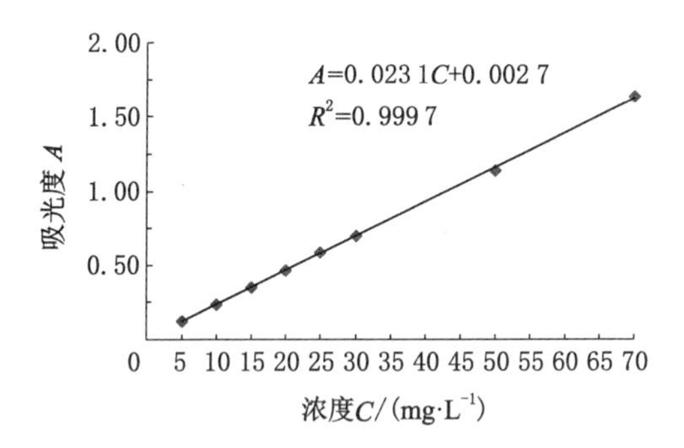

图 5-11 波长 288 nm 下喹啉的吸光度标准曲线

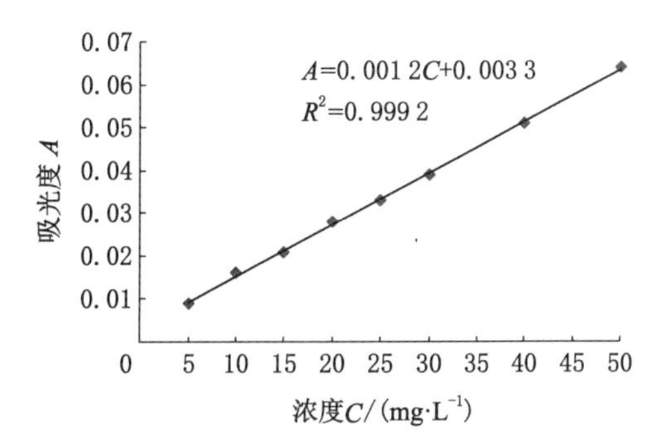

图 5-12 波长 271 nm 下吡啶的吸光度标准曲线

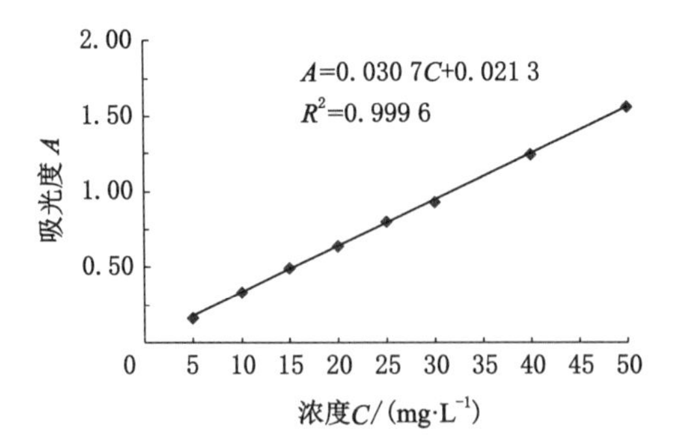

图 5-13　波长 256 nm 下吲哚的吸光度标准曲线

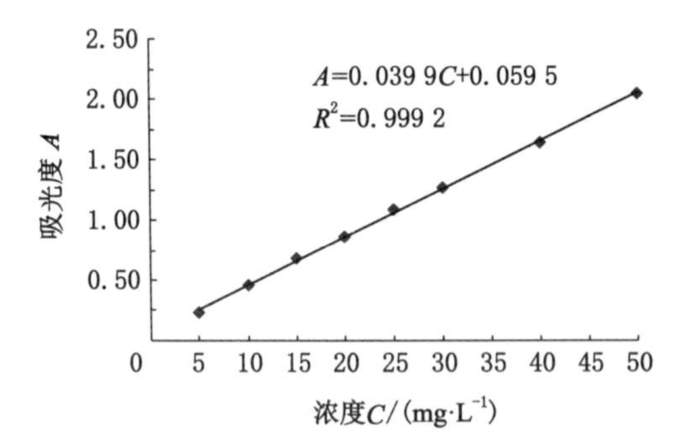

图 5-14　波长 278 nm 下吲哚的吸光度标准曲线

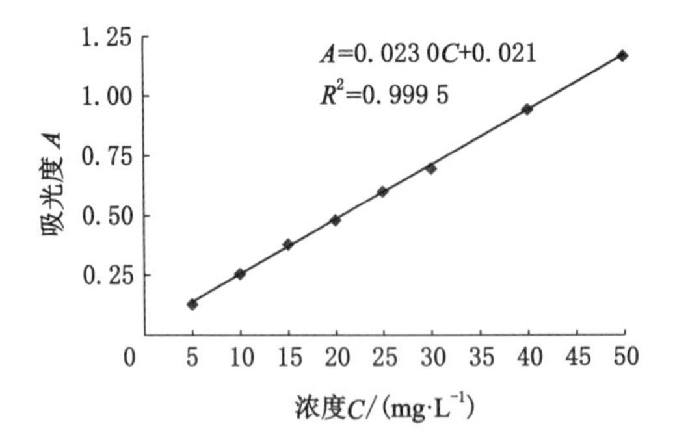

图 5-15　波长 288 nm 下吲哚的吸光度标准曲线

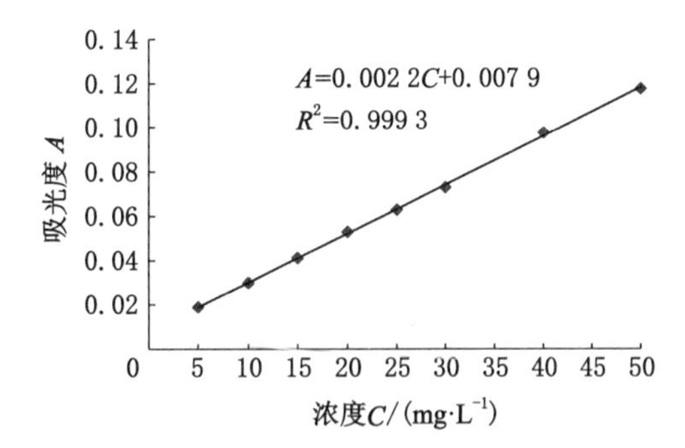

图 5-16　波长 256 nm 下苯酚的吸光度标准曲线

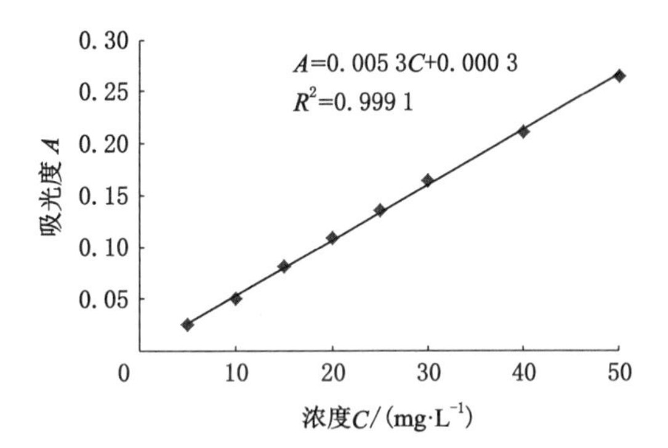

图 5-17　波长 271 nm 下苯酚的吸光度标准曲线

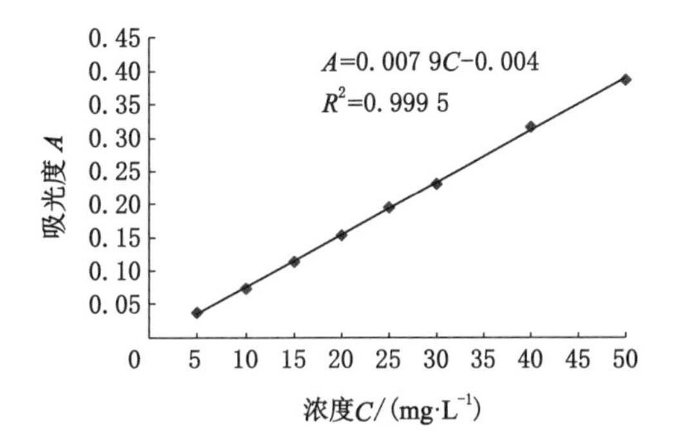

图 5-18　波长 278 nm 下苯酚的吸光度标准曲线

表 5-5　4 种有机物在 4 个波长下的吸收系数　单位：L/(mg・cm)

波长/nm	喹啉	吡啶	吲哚	苯酚
256	0.015 5	0.029 9	0.030 7	0.002 2
271	0.023 3	0.001 2	0.042 3	0.005 3
278	0.023 3	0	0.039 9	0.007 9
288	0.023 1	0	0.023 0	0.027 0

根据表 5-5 可知 A_{ij}。所以只要利用分光光度计测定出混合溶液在 4 个波长下的总吸光度，代入上列方程组，借助 Matlab 或 Excel，便可求出待测溶液中喹啉、吡啶、吲哚及苯酚的浓度。

5.1.4　吸附量及去除率的计算方法

5.1.4.1　吸附量的计算

将质量为 m 的煤粉加入体积为 V、有机物初始浓度为 C_0 的模拟焦化废水溶液中，进行振荡混合吸附，在 t 时刻吸附质在煤样上的吸附量用下式计算：

$$Q_t = \frac{(C_0 - C_t)V}{m} \tag{5-1}$$

当达到吸附平衡时，平衡吸附量由下式计算：

$$Q_e = \frac{(C_0 - C_e)V}{m} \tag{5-2}$$

式中，Q_t 为 t 时刻有机物吸附在煤粉上的吸附量，$mg \cdot g^{-1}$；Q_e 为 e 时刻达到吸附平衡时，有机物吸附在煤粉上的吸附量，$mg \cdot g^{-1}$；C_t 为 t 时刻溶液中有机物的浓度含量，$mg \cdot L^{-1}$；C_e 为 e 时刻平衡时溶液中有机物的浓度含量，$mg \cdot L^{-1}$；C_0 为溶液中有机物的初始浓度，$mg \cdot L^{-1}$；V 为含有机物的废水体积，L；m 为所用煤粉的质量，g。

5.1.4.2　去除率的计算

将质量为 M 的煤粉加入体积为 V、有机物初始浓度为 C_0 的模拟焦化废水溶液中，进行振荡混合静态吸附实验，振荡吸附时间为 t，在 t 时刻溶液中有机物的浓度为 C_t，此时溶液中有机物的去除率为 R：

$$R = \frac{C_0 - C_t}{C_0} \times 100\% \tag{5-3}$$

5.1.5　煤粉中水分的测定

煤粉中水分的测定采用 KFTi-Touch 水分仪，设备如图 5-19 所示。

本书采用卡尔费休法测定煤粉中水分含量。当电解池中达到电荷平衡后，将

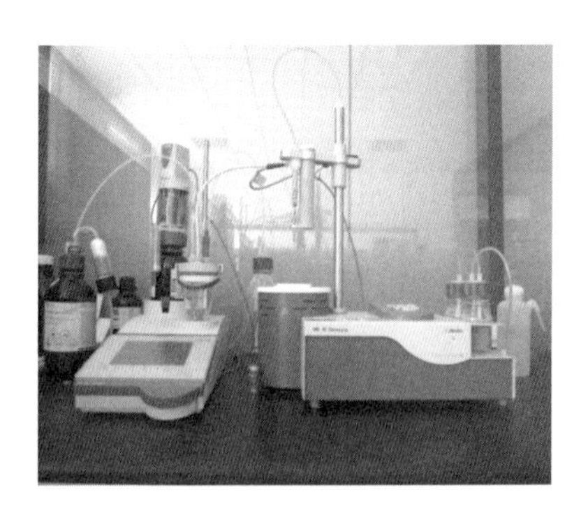

图 5-19 KFTi-Touch 水分仪

煤粉放入电解液中，由于煤粉中含有水分，且电解液中存在吡啶和甲醇，此时碘与二氧化硫发生氧化还原反应生成氧碘酸吡啶和甲基硫酸氢吡啶。反应式如下：

$$CH_3OH + SO_2 + RN \longrightarrow [RNH]SO_3CH_3 \tag{5-4}$$

$$H_2O + I_2 + [RNH]SO_3CH_3 + 2RN \longrightarrow [RNH]SO_4CH_3 + 2[RNH]I \tag{5-5}$$

其中，NH＝碱。

以前卡尔费休液中主要使用吡啶，但由于吡啶具有较大毒性，现在换成咪唑（$C_3H_4N_2$）。

在电解过程中，电极反应如下：

阳极：

$$2I^- - 2e \longrightarrow I_2 \tag{5-6}$$

阴极：

$$I_2 + 2e \longrightarrow 2I^- \tag{5-7}$$

$$2H + 2e \longrightarrow 2H^+ \tag{5-8}$$

阳极可以电解产生碘，所以可以保证在有水分的情况下，氧化还原反应可以持续进行，直到煤粉中的所有水分消耗完毕。从以上反应式中可以看出，整个过程 1 mol 的碘可以氧化 1 mol 的二氧化硫，同时需要 1 mol 的水分，因此碘的消耗量等于水分子数。

实验步骤：

（1）标定水分仪。

① 开机后，排尽滴定池内的废液，加入无水甲醇至液位没过铂电极。

② 进入 KFT 界面，待漂移稳定后，用注射器取 0.02 g 左右去离子水，注入滴定池，获得滴定数据，此过程重复进行 3 次，仪器给出 3 次测量平均值。

（2）测空白样。

在主界面选择进入 blank 界面，设置运行时间为 3 h，待漂移稳定后，通入载气（氮气）进入空白盛样瓶，点击“开始”按钮，获得空白实验参照。

（3）测样品水分。

在主界面选择进入 sample_blank 界面，设置运行 3 h，待漂移稳定后，将装有 0.08 g 煤样的盛样瓶（封闭）在炉温 105 ℃下恒温，通入载气（氮气）进入盛样瓶，点击“开始”按钮，3 h 后获得样品水分值。

（4）重复测量 3 次取平均值。

按照以上步骤进行测量，焦煤、褐煤和无烟煤的水分含量测定结果如表 5-6 所列。

表 5-6　3 种煤样水分含量　　单位：%

煤样名称	褐煤	焦煤	无烟煤
水分 1	10.33	1.07	1.14
水分 2	9.93	1.41	0.82
水分 3	10.45	1.32	1.02
平均水分	10.24	1.27	0.99

5.2　煤的吸附性能研究

5.2.1　煤粉投加量条件实验

煤粉投加量即吸附剂的使用量，是决定吸附效果的重要因素。本实验考察煤粉投加量对吸附效果的影响，煤粉投加量（为减去水分含量后的质量）设0.5 g、1.0 g、1.5 g、2.0 g、2.5 g、3.0 g、4.0 g 共 7 个梯度。模拟焦化废水共 4 种：模拟焦化废水①，喹啉浓度 25 $mg \cdot L^{-1}$；模拟焦化废水②，吡啶浓度 25 $mg \cdot L^{-1}$；模拟焦化废水③，吲哚浓度 25 $mg \cdot L^{-1}$；模拟焦化废水④，苯酚浓度 25 $mg \cdot L^{-1}$。其他实验条件为：煤粉粒度－0.074 mm，恒温密封振荡，吸附时间 30 min，吸附温度 25 ℃，不调节 pH。

4 种模拟焦化废水中有机物的去除率与煤粉（褐煤、焦煤、无烟煤）投加量之间的关系如图 5-20～图 5-23 所示。

从图 5-20～图 5-23 可以看出，各有机物的去除率都随着煤粉用量的增加而提高，吸附量则随着煤粉用量的增加而减少；相同煤粉用量情况下，有机物去除率大小顺序为喹啉＞吲哚＞吡啶＞苯酚；在吸附同一种有机物的情况下，3 种煤对有机物的去除效率大小顺序为无烟煤＞褐煤＞焦煤。

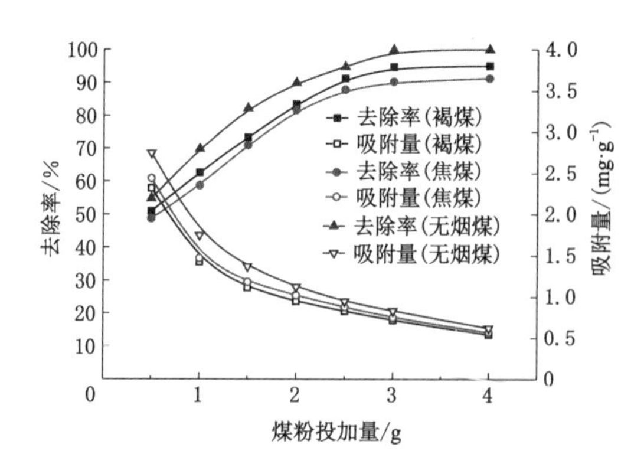

图 5-20　煤粉投加量对喹啉去除率和吸附量的影响

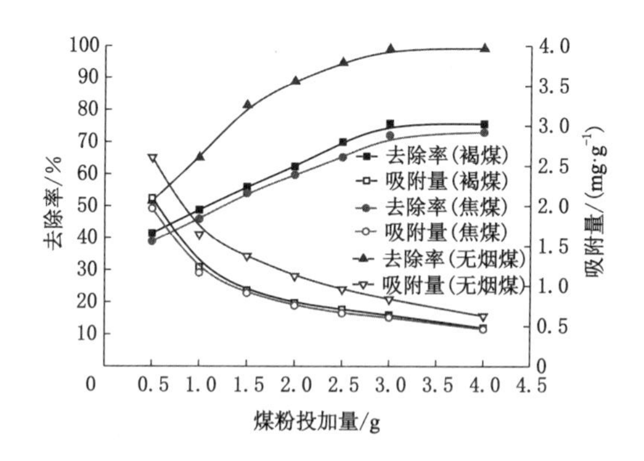

图 5-21　煤粉投加量对吡啶去除率和吸附量的影响

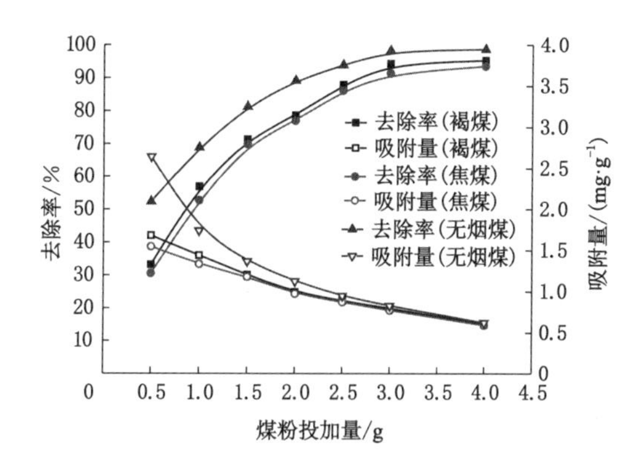

图 5-22　煤粉投加量对吲哚去除率和吸附量的影响

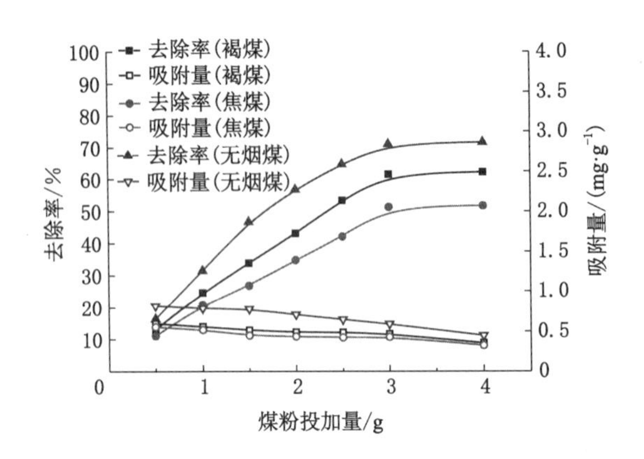

图 5-23 煤粉投加量对苯酚去除率和吸附量的影响

煤粉作为吸附剂,加入越多,为吸附所提供的总表面积值越大,即具备的总的可吸附容量也就越高,从而使得有机物的去除率越高。煤粉加入量少时,溶液中有机物浓度相对较大,有机物与煤粉空白表面发生有效碰撞的概率较高,有利于煤粉吸附,此时煤粉具有较高的吸附量。随着煤粉投加量的增加,溶液中有机物浓度相对降低,有机物与煤粉空白表面发生有效碰撞的概率降低,此时虽然具有较高的有机物去除率,但是使得煤粉的吸附量下降。综合考虑经济成本和有机物去除率,根据以上实验结果,确定最佳煤粉投加量为 2.5～3.0 g。

煤的孔隙结构研究表明,煤的孔隙结构以中大孔为主,对分子体积相对较大的分子吸附效果更好。4 种有机物的分子体积大小为:喹啉＞吲哚＞苯酚＞吡啶。除苯酚外,其他 3 种有机物分子体积大小顺序与相同煤粉用量下有机物的去除率顺序是一致的。相对于喹啉、吲哚和吡啶,苯酚的溶解度较高,溶解度越高,其亲水性就越好,就越难在具有疏水性的煤粉表面吸附,所以苯酚的吸附效率在 4 种有机物中是最低的。其次喹啉、吲哚和吡啶都具有弱碱性,苯酚具有弱酸性,通过煤炭表面官能团的研究分析可知,煤炭表面含有较多的酸性含氧官能团,推测喹啉、吲哚和吡啶与煤粉除存在主要的物理吸附外,还可能存在化学吸附,从而使得它们对有机物的去除率都高于苯酚[128-129]。

从煤炭表面积的研究分析可知,3 种煤的比表面积大小顺序为:无烟煤＞褐煤＞焦煤。比表面积越大,表明具有的可吸附点就越多,吸附效率越高,因此在吸附同一种有机物的情况下,3 种煤对有机物的去除效率大小顺序为:无烟煤＞褐煤＞焦煤。

5.2.2 密封恒温振荡吸附时间条件实验

由于吸附是分子运动并附着在固体表面的过程,所以只有焦化废水中的有机物分子移动到煤粉表面并进入孔隙内部才能完成有效吸附。这个过程需要一定的时间,因此吸附时间是吸附过程的重要因素。本实验考察吸附时间因素对煤粉吸附效果的影响,吸附时间设 10 min、20 min、30 min、40 min、50 min、90 min、120 min 和 180 min 共 8 个梯度。其他实验条件为:模拟焦化废水①②③④同煤粉投加量实验,煤粉投加量(为减去水分含量后的质量)2.0 g,煤粒度 −0.074 mm,恒温密封振荡,吸附温度 25 ℃,不调节 pH。

4 种模拟焦化废水中有机物的去除率、吸附量与恒温密封振荡吸附时间之间的关系如图 5-24～图 5-27 所示。

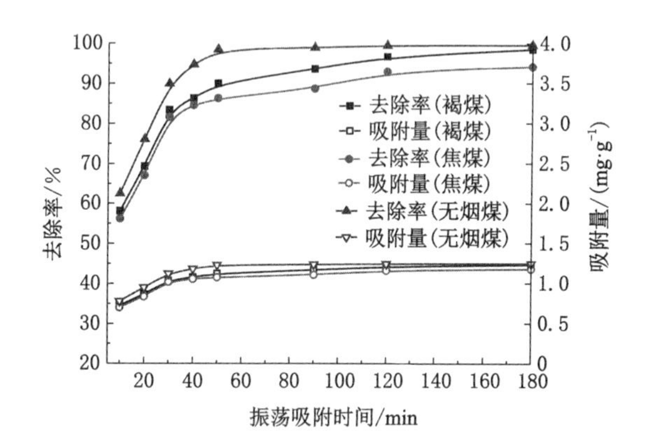

图 5-24 振荡吸附时间对喹啉去除率和吸附量的影响

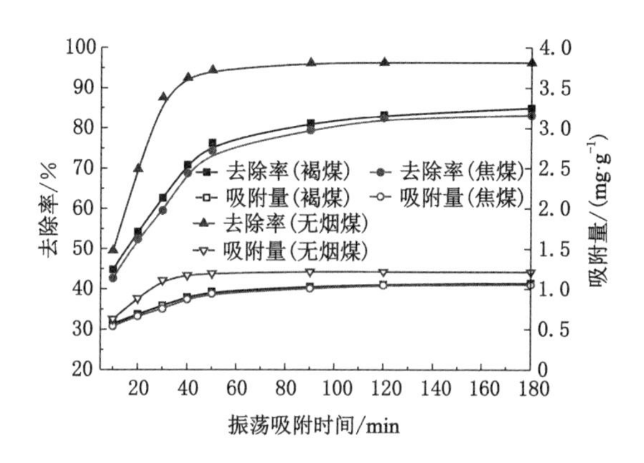

图 5-25 振荡吸附时间对吡啶去除率和吸附量的影响

由图 5-24～图 5-27 可以看出,随着振荡吸附时间的增加,有机物的去除率和煤粉的吸附量都不断提高。开始吸附时,有机物的吸附速率增加迅速,大约

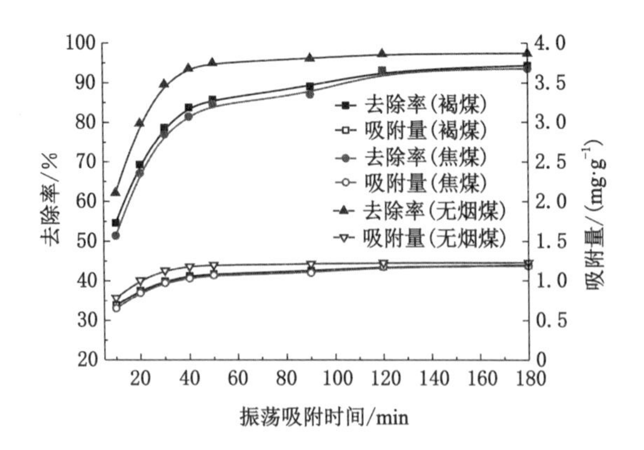

图 5-26 振荡吸附时间对吲哚去除率和吸附量的影响

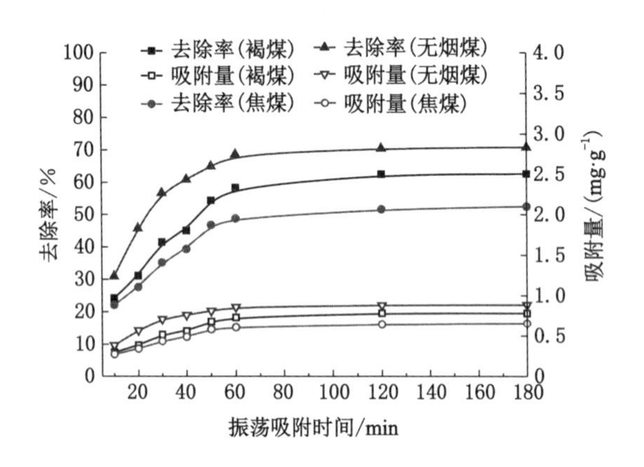

图 5-27 振荡吸附时间对苯酚去除率和吸附量的影响

60 min 后趋于缓慢，120 min 以后趋于稳定；无烟煤达到吸附平衡所需的时间最短，其次是褐煤，焦煤达到吸附平衡的时间最长。根据以上实验结果，确定最佳的振荡吸附时间为 40～60 min。

分析认为，煤粉开始和溶液中有机物接触时，其表面未吸附有机物，煤粉表面的空白吸附点较多，此时的吸附速率较大，且远远大于脱附速率，有机物去除率增加迅速；当煤粉吸附表面的吸附点和官能团被基本占据后，吸附速率与脱附速率达到动态平衡，有机物去除率开始基本保持不变。

5.2.3 模拟焦化废水不同初始浓度条件实验

本实验考察吸附质初始浓度对煤粉吸附效果的影响，喹啉、吡啶和吲哚初始浓度设 5 mg·L^{-1}、10 mg·L^{-1}、25 mg·L^{-1}、40 mg·L^{-1}和 80 mg·L^{-1}共 5 个梯度；由于苯酚的溶解度较大，其初始浓度设 5 mg·L^{-1}、10 mg·L^{-1}、25 mg·L^{-1}、40 mg·L^{-1}、80 mg·L^{-1}和 100 mg·L^{-1}共 6 个梯度。其他实验条件为：煤粉粒度－0.074 mm，煤粉投加量 0.08 g 煤/1.0 mg 有机物，恒温密封振荡，吸附温度 25 ℃，振荡吸附时间 30 min。

4 种模拟焦化废水中有机物的去除率、吸附量与吸附质初始浓度之间的关系如图 5-28～图 5-31 所示。

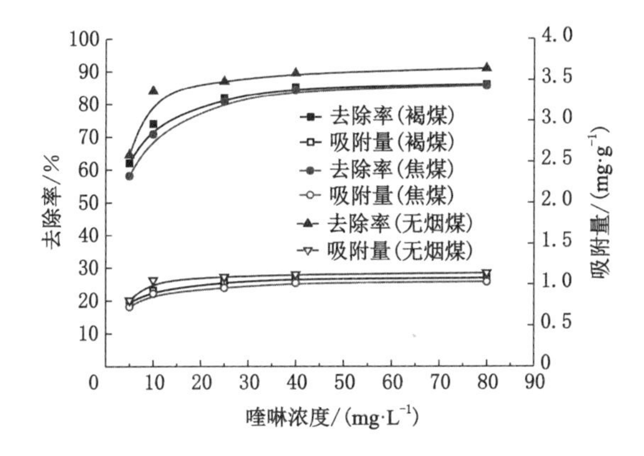

图 5-28 初始浓度对喹啉去除率和吸附量的影响

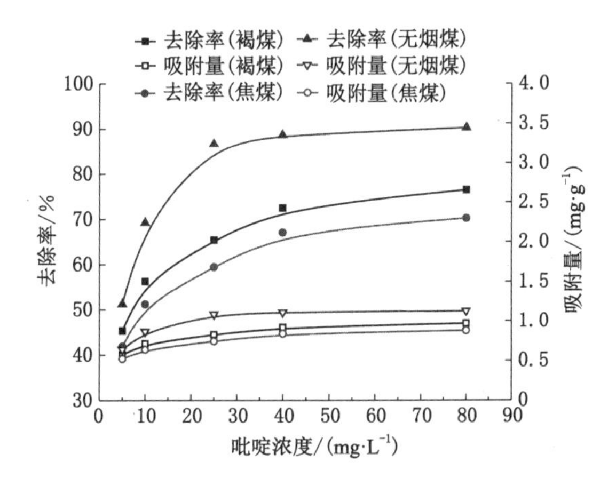

图 5-29 初始浓度对吡啶去除率和吸附量的影响

由图 5-28～图 5-31 可以看出，随着模拟焦化废水中有机物初始浓度的增加，有机物去除率和吸附量都不断提高，二者呈正相关关系。吸附初期，吸附速

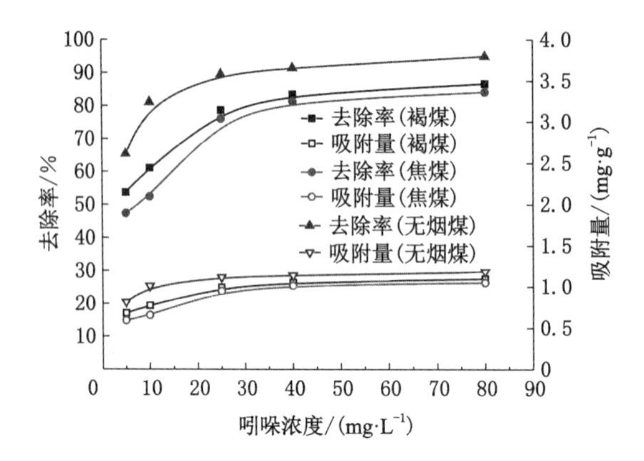

图 5-30 初始浓度对吲哚去除率和吸附量的影响

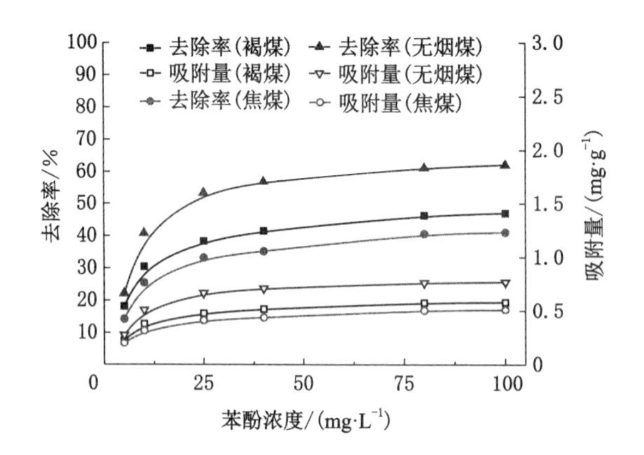

图 5-31 初始浓度对苯酚去除率和吸附量的影响

率增加迅速,当有机物浓度增加到一定程度后,吸附速率趋缓。随着初始浓度的增加,虽然有机物的去除率得到提高,但是出水中有机物浓度也变大。

分析认为,吸附过程中,吸附动力主要来自溶液中有机物和煤粉表面有机物的浓度差。浓度差越大,吸附动力越大,吸附速率越大。在相同煤粉投加比例下,当有机物浓度较低时,有机物与煤表面发生有效碰撞的机会小,被吸附在煤粉表面的概率低,此时煤粉的吸附量较低,有机物去除率也较低;随着有机物浓度的增加,有机物与煤粉表面发生有效碰撞的概率不断提高,吸附量也逐渐增加,使得有机物去除率也不断提高[130]。

5.2.4 pH 值条件实验

本实验考察 pH 值因素对煤粉吸附效果的影响，pH 值设 1、2、4、6.5、8、10、11 共 7 个梯度。其他实验条件为：模拟焦化废水①②③④同煤粉投加量实验，煤粉投加量(为减去水分含量后的质量)2.0 g，煤粒度—0.074 mm，恒温密封振荡，吸附温度 25 ℃，振荡吸附时间 30 min，用 0.1 $mol \cdot L^{-1}$ 的 NaOH 溶液和 0.1 $mol \cdot L^{-1}$ 的 HCl 溶液来调节体系 pH 值。

4 种模拟焦化废水中有机物的去除率、吸附量与 pH 值之间的关系如图 5-32～图 5-35 所示。

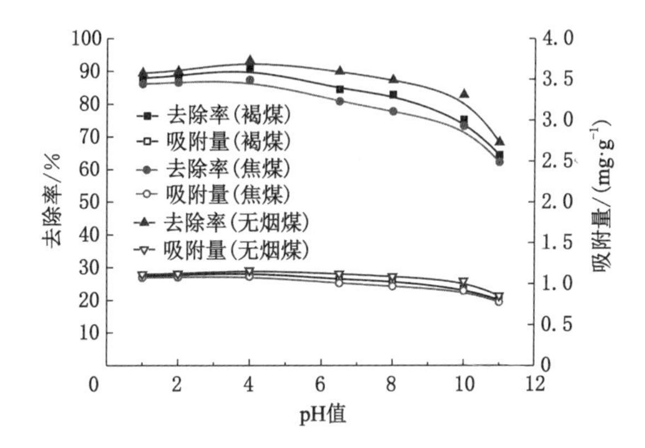

图 5-32 pH 值对喹啉去除率和吸附量的影响

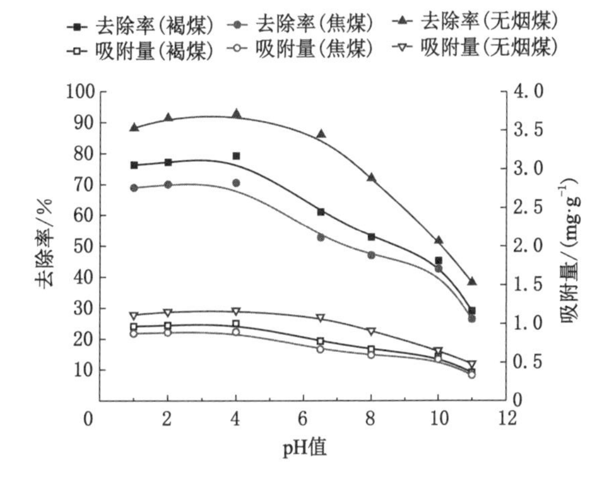

图 5-33 pH 值对吡啶去除率和吸附量的影响

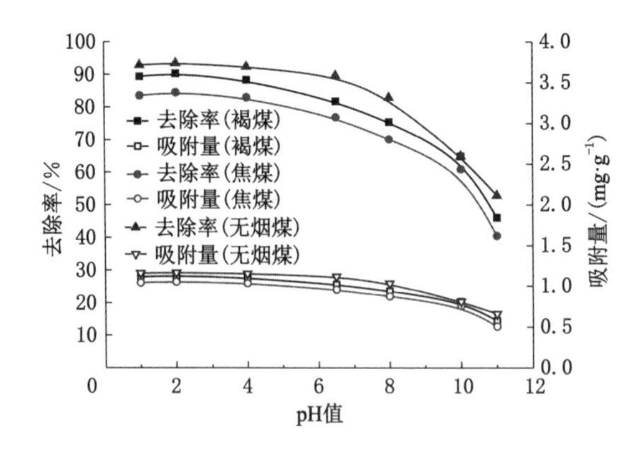

图 5-34 pH 值对吲哚去除率和吸附量的影响

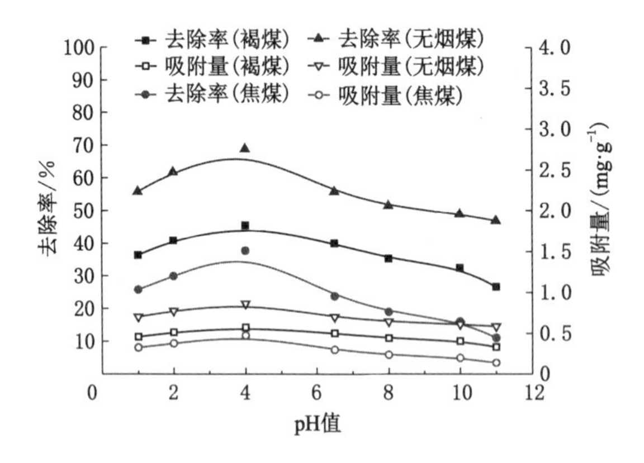

图 5-35 pH 值对苯酚去除率和吸附量的影响

由图 5-32～图 5-35 可以看出,随着有机物溶液 pH 值的增加,有机物去除率和吸附量先增加后减小。酸性条件下有机物的去除率大于碱性条件下。酸性条件下,有机物的吸附速率随着 pH 值的增加而提高,pH 值为 2～6.5 时,有机物去除率较大;pH 值超过 8 后,有机物去除率随着 pH 值的增加而迅速减小。根据以上实验结果,确定最佳吸附 pH 值在 4 左右。

根据第 3 章中关于 pH 值对煤比表面积的研究,焦煤的比表面积随着 pH 值的增大而不断减小,比表面积减小,会使有机物吸附效率降低。另外,在碱性条件下,煤粉表面的酸性含氧官能团被中和,使得化学吸附基本消失,同时改变了表面的荷电状态,使煤粉的吸附能力发生改变。

有机物在煤粉上的吸附与其在水中的解离度有关,解离度越大,吸附量越小。苯酚具有弱酸性,在酸性介质中,其解离程度很小,故在 pH＝0～4.7 时,吸附量较大；而苯酚的 pKa 值为 9.89，当 pH 值高于 9.89 时，它主要以阴离子的形式吸附，随着解离度增大，吸附量减少。煤样表面的羧基是与苯酚的吸附点，它们之间可以形成受体-供体型电荷转移复合体，而溶液中加入的质子会竞争羧基吸附点，低 pH 值会使苯酚的吸附量减少。由于这两个原因的综合作用，使得在低 pH 值时，苯酚的去除率变化幅度较小。综合来说，苯酚在煤样上的吸附以中性分子状态吸附为主，减少煤样表面的酸性基团数目，同时调节溶液为酸性，在一定程度上利于提高苯酚在煤样上的吸附量。

喹啉、吲哚和吡啶都具有弱碱性，在体系 pH 值大于煤样表面等电点条件下，煤炭表面带负电，有利于吸附；随着 pH 值提高，煤粉表面的酸性含氧官能团被中和，使得化学吸附基本消失，同时煤炭比表面积随着 pH 值的增大而降低，使得物理吸附量也不断减少。因此，喹啉、吲哚和吡啶的吸附量随着 pH 值的增大而降低。

5.2.5　温度条件实验

本实验考察温度因素对焦煤吸附喹啉效果的影响，振荡吸附温度设 10 ℃、25 ℃和 40 ℃共 3 个梯度。其他实验条件为：模拟焦化废水喹啉浓度为 25 mg · L^{-1}，煤粉投加量（为减去水分含量后的质量）2.0 g，煤样粒度 −0.074 mm，恒温密封振荡，振荡吸附时间设 10 min、20 min、30 min、40 min、50 min、90 min、120 min 和 180 min 共8 个梯度。

模拟焦化废水中喹啉的去除率、吸附量与恒温密封振荡吸附温度之间的关系如图 5-36 所示。由实验结果可以看出，随着吸附振荡温度的增加，喹啉的去除率和吸附量都减小。综合考虑成本和实验结果，吸附实验的温度采用室温。

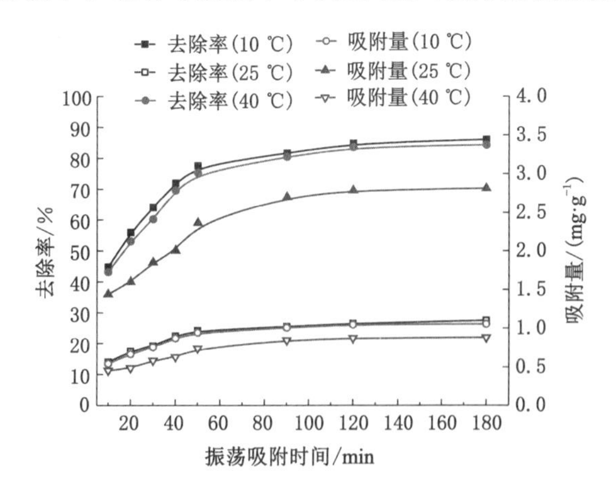

图 5-36　温度对焦煤吸附喹啉的去除率和吸附量的影响

5.3 混合有机物的吸附实验

本实验考察焦煤煤粉添加量对混合有机物吸附效果的影响,煤粉投加量(为减去水分含量后的质量)设 1.0 g、2.0 g 和 3.0 g 共 3 个梯度。其他实验条件为:模拟焦化废水总有机物浓度含量为 100 mg·L^{-1}(其中喹啉、吡啶、吲哚和苯酚浓度都为 25 mg·L^{-1}),煤粉粒度−0.074 mm,恒温密封振荡,吸附温度室温,振荡吸附时间 30 min。

模拟焦化废水中各有机物的去除率、吸附量与煤粉添加量之间的关系如图 5-37 所示。

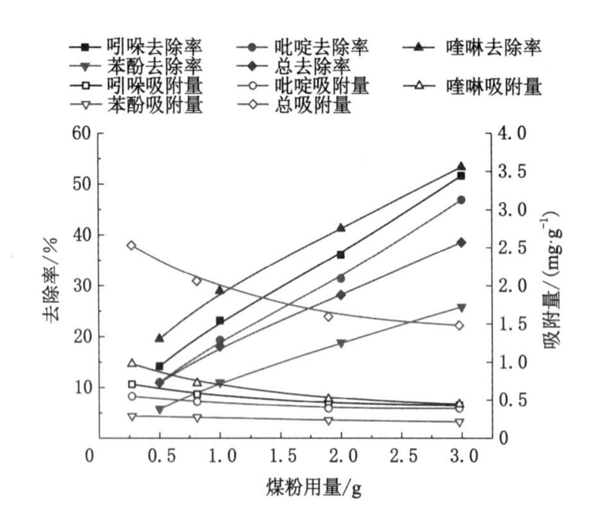

图 5-37 煤粉用量对模拟焦化废水中各有机物的去除率和吸附量的影响

从图 5-37 可以看出,混合吸附中 4 种有机物的去除率均低于同浓度单一有机物溶液吸附时。4 种有机物吸附效率大小顺序为:喹啉>吲哚>吡啶>苯酚。煤粉吸附 4 种单一有机物溶液的吸附量之和稍大于 4 种有机物混合时的吸附量。煤粉对苯酚、吡啶、喹啉和吲哚 4 种有机物的吸附可能具有一定的选择性。因为喹啉、吲哚和吡啶的溶解度远小于苯酚,且煤粉表面具有疏水性,因此喹啉、吲哚和吡啶受到水的排斥力作用而更容易吸附在煤粉表面;其次不同的有机物具有不同的分子组成、分子结构、官能团及分子尺寸,在煤粉的孔隙中具有不同的吸附孔径和吸附点[131]。

5.4 本章小结

本章通过静态吸附实验研究了煤样投加量、恒温振荡吸附时间、pH 值和温度等因素对溶液中单一大分子有机物(喹啉、吡啶、吲哚和苯酚)去除率的影响,同时研究了煤样对混合有机物溶液的吸附效果。主要结论如下:

(1) 建立了喹啉、吡啶、吲哚和苯酚吸光度-浓度标准曲线,确定了单一有机物和混合有机物中各有机物含量的测定方法。

(2) 有机物的去除率都随着煤粉用量的增加而提高,单位吸附量则随着煤粉用量的增加而减少;去除率与吸附质的分子大小、吸附质的酸碱性及吸附剂表面的物理化学性质相关。相同煤粉用量的情况下,吸附剂的分子越大越容易被吸附,4 种有机物的去除率大小顺序为喹啉>吲哚>吡啶>苯酚;在吸附同一种有机物的情况下,吸附剂的比表面积越大吸附效率越高,3 种煤对有机物的去除效率大小顺序为无烟煤>褐煤>焦煤。

(3) 随着振荡吸附时间的增加,有机物的去除率和煤粉的吸附量都不断提高,刚开始时,有机物的吸附速率增加迅速,大约 60 min 后增速趋缓,120 min 以后趋于稳定;无烟煤达到吸附平衡所需的时间最短,其次是褐煤,焦煤最长。

(4) 随着模拟焦化废水中有机物初始浓度的增加,有机物的去除率和煤粉的吸附量都不断提高;吸附刚开始时,有机物的吸附速率增加迅速,有机物浓度增加到一定程度后,吸附速率增加趋缓。

(5) 随着有机物溶液 pH 值的增加,有机物的去除率和吸附量先增加后减小。酸性条件下有机物的去除率大于碱性条件下。酸性条件下,有机物的吸附速率随着 pH 值的增加而提高,pH 增加到 4 左右时,有机物的去除率达到最大值;pH 值超过 8 后,有机物的去除率随着 pH 的增加而迅速减小。

(6) 随着吸附振荡温度的增加,有机物的去除率和吸附量都减小。吸附温度低有利于吸附。

(7) 混合有机物吸附实验结果表明,4 种有机物吸附效率大小顺序为喹啉>吲哚>吡啶>苯酚。其原因,首先是喹啉、吲哚和吡啶受到水的排斥力而更容易吸附在煤粉表面;其次不同的有机物具有不同的分子组成、分子结构、官能团及分子尺寸,在煤粉的孔隙中具有不同的吸附孔径和吸附点,且有机物之间存在竞争吸附。

6 煤吸附过程的热力学及动力学研究

吸附过程是一种物质分子附着在另外一种物质界面上的过程。不同的吸附剂吸附不同的吸附质的吸附机理不同，吸附理论的研究包括吸附热力学和吸附动力学研究，前者主要包括等温吸附实验研究、等温吸附方程拟合和吸附热力学函数计算等；后者主要包括吸附速率实验研究、吸附动力学方程拟合和吸附活化能计算等。本文以复配焦化废水为研究对象，对褐煤、焦煤和无烟煤吸附处理模拟焦化废水中难降解大分子有机物过程进行了热力学和动力学研究。

6.1 吸附热力学研究

6.1.1 等温吸附方程

在恒定的温度下，溶液中的吸附质分子在吸附剂表面吸附并达到吸附平衡时，吸附质分子在固相和液相中的浓度关系曲线称为等温吸附曲线。吸附剂分子在固相上的浓度用吸附量来表示，吸附剂分子在液相中的浓度用溶液中吸附质的平衡浓度来表示。固-液界面上的吸附过程比较复杂，在研究过程中，通常用等温吸附曲线来表示固-液的平衡吸附状态。常用的等温吸附方程主要有以下几种：

(1) Langmuir(朗缪尔)等温吸附方程

Langmuir 等温吸附方程的成立需要符合以下条件：① 吸附质分子在吸附剂表面单分子吸附排列；② 吸附剂表面均匀分布吸附空位；③ 每个吸附位置吸附一个吸附质分子；④ 吸附剂表面为理想表面，表面上每个吸附位置的特性及能量一样；⑤ 在吸附剂表面吸附的分子独立存在，互不干扰[132-134]。

Langmuir 等温吸附方程可以表达为[135]：

$$Q_{eq}=\frac{q_m K_L C_{eq}}{1+K_L C_{eq}} \tag{6-1}$$

线性表达式为[136]：

$$\frac{C_{eq}}{Q_{eq}}=\frac{C_{eq}}{q_m}+\frac{1}{K_L q_m} \tag{6-2}$$

式中，K_L 是与吸附活化能相关的常数，其数值越大，吸附能力越强，$L \cdot mg^{-1}$；q_m 为单层饱和吸附量，$mg \cdot g^{-1}$；C_{eq} 为平衡时吸附质在溶液中的浓度，$mg \cdot L^{-1}$。

Langmuir 方程中定义一个无量纲分离因子 R_L 来预测该吸附反应是否为有利过程，R_L 表达式为：

$$R_L = \frac{1}{1 + K_L C_0} \tag{6-3}$$

$R_L > 1$ 时为不利吸附；$R_L = 1$ 时为线性吸附；$R_L = 0$ 时为不可逆吸附；$0 < R_L < 1$ 时为有利吸附，且在此范围内，R_L 越大，越有利于有机物的去除。线性吸附是指吸附方程的斜率是定值，吸附前沿界面的移动速度都相同[137]。

(2) Freundlich(弗罗因德利克)等温吸附方程

Freundlich 等温吸附方程是一个经验公式，是基于 Langmuir 等温方程的理论基础得到的，但不同的是它假设吸附剂表面不是理想表面，而是不均匀的[138-140]。

Freundlich 等温吸附方程可表示为[141]：

$$Q_{eq} = K_{Fr} C_{eq}^{\frac{1}{n}} \tag{6-4}$$

线性表达式为：

$$\ln Q_{eq} = \ln K_{Fr} + \frac{1}{n} \ln C_{eq} \tag{6-5}$$

式中，K_{Fr}是 Freundlich 中表征吸附能力的参数，$(mg \cdot g^{-1})/(mg \cdot L^{-1})$；$\frac{1}{n}$是评价吸附优越性的参数[142-143]。$K_{Fr}$与单位质量吸附剂的吸附量呈正比，$K_{Fr}$越大，表示单位质量吸附剂的吸附量越大；反之，吸附量越小。而$\frac{1}{n}$值为 Freundlich 方程的经验参数，根据实验经验，当$\frac{1}{n}$为 0.1～1.0 时，可判定吸附过程为优惠吸附；当$\frac{1}{n} > 2$ 时，则可判定吸附过程为非优惠吸附。优惠吸附是指随着溶液中吸附质浓度的增高，等温吸附线的斜率不断下降，吸附前沿界面上，浓度高的一侧移动速度高于浓度低的一侧；非优惠吸附则与之相反。

(3) Temkin(特姆金)模型

Temkin 模型等温吸附式可表示为[144-145]：

$$Q_{eq} = \frac{RT}{b_T} \ln(K_T C_{eq}) \tag{6-6}$$

线性表达式为：

$$Q_{eq} = \frac{RT}{b_T} \ln C_{eq} + \frac{RT \ln K_T}{b_T} \tag{6-7}$$

式中，K_T 为模型常数，b_T 为吸附常数。

其中

$$K_{\mathrm{T}} = \exp\left(\frac{\text{截距}}{\text{斜率}}\right) \tag{6-8}$$

(4) Redlich(雷德利奇)-Peterson(彼得森)(R-P)模型

Redlich 和 Peterson[146]提出 Redlich-Peterson 模型,简称 R-P 模型,该模型将 Langmuir 模型和 Freundlich 模型较好地结合起来。

R-P 模型等温吸附式可表示为:

$$Q_{\mathrm{eq}} = \frac{K_{\mathrm{R}}C_{\mathrm{eq}}}{1+\alpha C_{\mathrm{eq}}{}^{\beta}} \tag{6-9}$$

线性表达式为:

$$\ln\left|\frac{K_{\mathrm{R}}C_{\mathrm{eq}}}{Q_{\mathrm{eq}}}-1\right| = \beta\ln C_{\mathrm{eq}}+\ln|\alpha| \tag{6-10}$$

式中,K_{R} 为使 R-P 模型相关性系数 R^2 最大化的常数,$\mathrm{L\cdot g^{-1}}$;α 为方程常数,$\mathrm{L\cdot mg^{-1}}$;β 为在 0~1 范围内的常数,当 $\beta=1$ 时,方程可以归纳为 Langmuir 方程,当 $\beta=0$ 时,归纳为亨利方程[135];如果 $|\alpha|C_{\mathrm{eq}}^{\beta}>1$,可以近似归纳为 Freundlich 方程。

R-P 模型等温吸附式包含 3 个参数,可以应用于均匀体系和非均匀体系。

(5) Dubinin-Radushkevich(D-R)模型

作为对 Polanyi 吸附势能理论发展的 Dubinin-Radushkevich 气体吸附公式(简称 D-R 模型),经 Koganovskii 等证明也可用于自稀溶液中吸附有机物。

D-R 模型等温吸附式可表示为:

$$Q_{\mathrm{eq}} = Q_{\mathrm{m}}\exp(-K_{\mathrm{DR}}\varepsilon^{2}) \tag{6-11}$$

线性表达式为:

$$\ln Q_{\mathrm{eq}} = -K_{\mathrm{DR}}\varepsilon^{2}+\ln Q_{\mathrm{m}} \tag{6-12}$$

$$\varepsilon = RT\ln\left(1+\frac{1}{C_{\mathrm{eq}}}\right) \tag{6-13}$$

式中,K_{DR} 为与平均吸附自由能 E 有关的常数,$(\mathrm{mol\cdot kJ^{-1}})^2$,其大小决定吸附过程的形式;$T$ 为绝对温度,K;Q_{m} 为最大饱和吸附量,$\mathrm{mg\cdot g^{-1}}$。

平均吸附自由能 E 表达式为:

$$E = \frac{1}{(2K_{\mathrm{DR}})^{\frac{1}{2}}} \tag{6-14}$$

当平均吸附自由能 E 在 0~8.0 $\mathrm{kJ\cdot mol^{-1}}$ 时,吸附类型主要以物理吸附为主;当 $E>8.0\ \mathrm{kJ\cdot mol^{-1}}$ 时,吸附类型以化学吸附为主[147]。

6.1.2 误差分析

在对等温吸附方程的拟合过程中,总会存在一定的偏差或误差。为了进一步确认煤炭对废水中有机物的等温吸附过程属于 Langmuir、Freundlich、Temkin、R-P 和 D-R 这 5 种模型中的哪一种，本书选用了 6 种误差函数来作进一步判断。

(1) 误差平方和(SSE)[148]

$$SSE = \sum_{i=1}^{N} (Q_{eq(calc)} - Q_{eq(meas)})_i^2 \tag{6-15}$$

式中，N 为数据点的个数；$Q_{eq(calc)}$ 为等温吸附平衡时的吸附量理论计算值，$mg \cdot g^{-1}$；$Q_{eq(meas)}$ 为等温吸附实验中吸附平衡时的吸附量测量值，$mg \cdot g^{-1}$。

SSE 误差函数是最常用的误差函数之一，SSE 值越接近于 0，说明模型选择和拟合越好，数据预测也越成功。

(2) 绝对误差和(SAE)[149-150]：

$$SAE = \sum_{i=1}^{N} \left| Q_{eq(calc)} - Q_{eq(meas)} \right|_i \tag{6-16}$$

该误差函数与 SSE 误差函数相似，可利用该误差函数值对不同等温吸附方程的合理性进行判断。

(3) 平均相对误差(ARE)[150-151]：

$$ARE = \frac{100}{N} \sum_{i=1}^{N} \left| \frac{Q_{eq(calc)} - Q_{eq(meas)}}{Q_{eq(meas)}} \right|_i \tag{6-17}$$

(4) 混合部分误差(HYBRID)[152]：

$$HYBRID = \frac{100}{N-p} \sum_{i=1}^{N} \left[\frac{(Q_{eq(calc)} - Q_{eq(meas)})^2}{Q_{eq(meas)}} \right]_i \tag{6-18}$$

该误差是 SSE 误差的改进型，是利用 SSE 值除以实验值 $Q_{eq(meas)}$。此函数包含自由度系数，即数据点数 N 减去等温吸附模型参数个数值 p，并以此作为除数。

(5) Marquardt's percent 标准偏差(MPSD)[153]：

$$MPSD = 100 \sqrt{\frac{1}{N-p} \sum_{i=1}^{N} \left[\frac{Q_{eq(calc)} - Q_{eq(meas)}}{Q_{eq(meas)}} \right]_i^2} \tag{6-19}$$

该误差已经被广泛应用于不同领域[154-155]，它与几何平均误差分布相似，区别在于它在自由度方面进行了合并改进。

(6) 衍生的 Marquardt's percent 标准偏差(DMPSD)[154]：

$$DMPSD = \sum_{i=1}^{N} \left[\frac{Q_{eq(calc)} - Q_{eq(meas)}}{Q_{eq(meas)}} \right]_i^2 \tag{6-20}$$

不同的误差标准会产生不同的等温吸附模型参数值，将导致难以判断哪一个误差函数标准可以计算取得最佳值。为了对各模型之间的误差进行合理分析，将以上 6 个误差函数综合考虑，建立了归一化误差和分析方法[153]。归一化误差和的计算步骤如下：

① 针对一组条件数据，通过拟合得到不同的等温吸附方程，根据误差函数计算得到不同等温吸附方程的不同误差函数值。

② 对于同一个误差函数，用不同吸附方程的误差值除以本系列中误差最大值，得到此误差函数的不同吸附方程的归一化误差。

③ 根据步骤②中所述，依次计算不同吸附方程的不同误差函数的归一化误差值。

④ 针对同一个等温吸附方程，把 6 个不同误差函数的归一化误差值相加得到其归一化误差和。

⑤ 比较各吸附方程的归一化误差和，判断等温吸附实验数据更合适哪种吸附方程。

6.1.3 等温吸附实验和等温吸附拟合

配置不同初始浓度的水样进行吸附实验。实验条件为：不同浓度模拟焦化废水各 100 mL，煤粉粒度 −0.074 mm，煤粉投加量（为减去水分含量后的质量）2.0 g，恒温密封振荡 3 h，吸附温度 25 ℃，不调节 pH 值。吸附完成后测定水样中有机物的平衡浓度，并计算其平衡吸附量。

6.1.3.1 吸附喹啉

褐煤、焦煤和无烟煤吸附喹啉的等温吸附实验结果如表 6-1 所列。

表 6-1 褐煤、焦煤和无烟煤吸附喹啉的等温吸附实验结果

项目		水样 1	水样 2	水样 3	水样 4	水样 5
喹啉初始浓度/(mg·L^{-1})		5	10	20	30	50
褐煤吸附	喹啉平衡浓度/(mg·L^{-1})	0.06	0.28	1.09	1.95	4.40
	喹啉去除率/%	98.71	97.21	94.53	93.49	91.20
	喹啉平衡吸附量/(mg·g^{-1})	0.25	0.49	0.95	1.40	2.28
焦煤吸附	喹啉平衡浓度/(mg·L^{-1})	0.11	0.41	1.27	2.25	4.66
	喹啉去除率/%	97.85	95.92	93.67	92.49	90.69
	喹啉平衡吸附量/(mg·g^{-1})	0.24	0.48	0.94	1.39	2.27
无烟煤吸附	喹啉平衡浓度/(mg·L^{-1})	0.06	0.19	0.88	1.70	3.37
	喹啉去除率/%	98.71	98.07	95.60	94.35	93.26
	喹啉平衡吸附量/(mg·g^{-1})	0.25	0.49	0.96	1.42	2.33

根据相关公式和表 6-1 的数据，使用 Origin 8.5 软件对 3 种煤吸附喹啉的

过程进行线性拟合，获得的 5 种等温吸附式的拟合结果如表 6-2 所列，计算出的平衡吸附量(Q_{eq})与平衡吸附浓度(C_{eq})的关系曲线如图 6-1 所示。

表 6-2　褐煤、焦煤和无烟煤吸附喹啉的 5 种等温吸附式参数值

煤样	Langmuir 方程				
	T/℃	K_L/(L·mg^{-1})	q_m/(mg·g^{-1})	R_L^a	R^2
褐煤	25	0.582 9	2.99	0.03	0.887 1
焦煤	25	0.461 2	3.09	0.04	0.828 2
无烟煤	25	0.853 5	2.86	0.02	0.824 7
煤样	Freundlich 方程				
	T/℃	K_{Fr}/[(mg·g^{-1})/(mg·L^{-1})]		$1/n$	R^2
褐煤	25	0.945 7		0.586	0.994 9
焦煤	25	0.862 1		0.589	0.994 3
无烟煤	25	1.115 4		0.544	0.991 4
煤样	Temkin 模型				
	T/℃	K_T/(L·g^{-1})		b_T/(kJ·mol^{-1})	R^2
褐煤	25	2.339 6		4.82	0.871 2
焦煤	25	2.219 9		4.92	0.820 5
无烟煤	25	2.835 2		5.19	0.826 9
煤样	R-P 模型				
	T/℃	K_R/(L·g^{-1})	α/(L·mg^{-1})	β	R^2
褐煤	25	−6.381 4	−7.875	0.354	0.998 6
焦煤	25	−1.219 7	−2.500	0.220	0.999 9
无烟煤	25	−1.657 5	−2.590	0.229	0.996 4
煤样	D-R 模型				
	T/℃	K_{DR}/(mol·kJ^{-1})^2		E/(kJ·mol^{-1})	R^2
褐煤	25	−0.038 5		3.60	0.736 3
焦煤	25	−0.055 7		3.00	0.725 4
无烟煤	25	−0.040 3		3.52	0.823 4

注：R_L^a 为 C_0=50 mg·L^{-1}时的计算值。

比较表 6-2 中几种等温吸附式的相关系数 R^2，Freundlich 方程和 R-P 模型的 R^2 都大于 0.99，说明相关性较好；Langmuir 方程、Temkin 模型和 D-R 模型的 R^2 值都小于 0.90，说明相关性较差。Freundlich 方程的 $1/n$ 都介于 0.5～

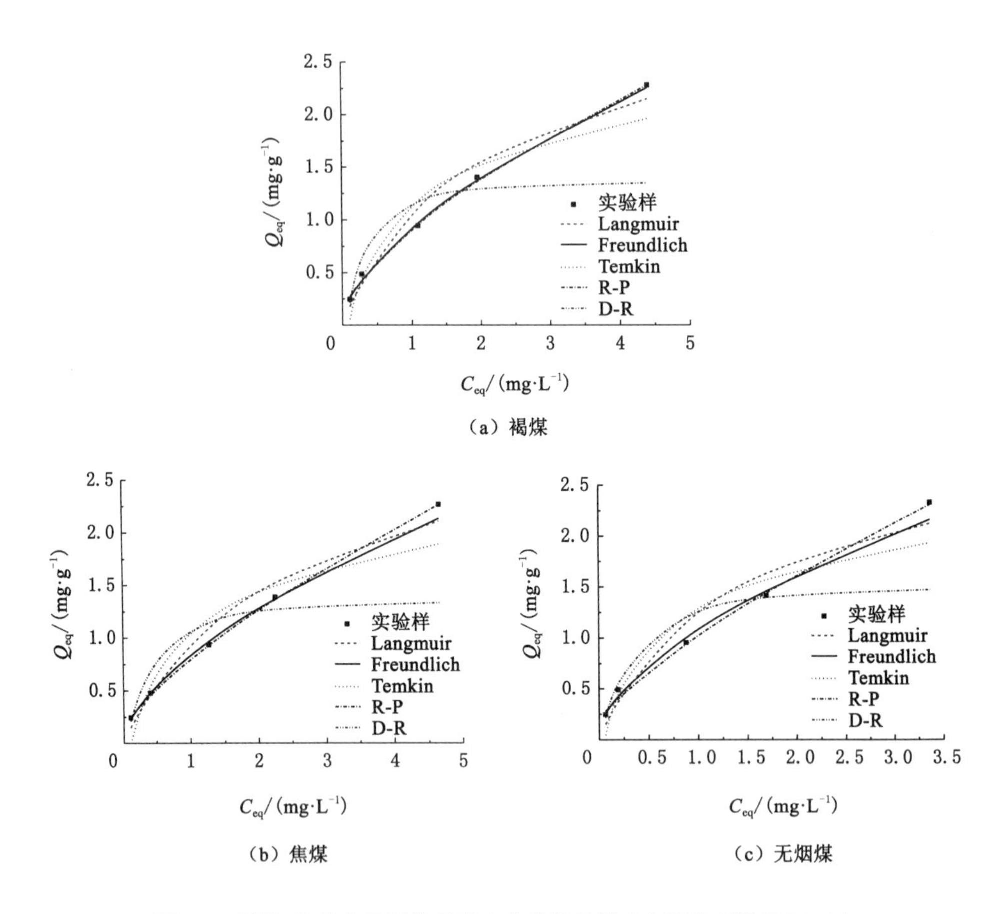

（a）褐煤

（b）焦煤

（c）无烟煤

图 6-1 褐煤、焦煤和无烟煤吸附喹啉等温吸附式中平衡吸附量(Q_{eq})与平衡吸附浓度(C_{eq})关系

0.6，说明该吸附属较易吸附；K_{Fr} 值大小顺序为无烟煤>褐煤>焦煤，与静态吸附实验中吸附速率规律相一致。R-P 模型中，3 种煤吸附的 R^2 都大于 0.99，说明相关性较好；β 的计算值都小于 1，说明不能将其归纳为 Langmuir 方程；经计算 $|\alpha|C_{eq}^{\beta}>1$，说明可以将其归纳为 Freundlich 方程。D-R 模型中，平均吸附自由能 E 在 0～8.0 kJ・mol^{-1} 内，说明以物理吸附为主。

从图 6-1 所示平衡吸附量(Q_{eq})和平衡吸附浓度(C_{eq})的关系可以看出，Freundlich 方程和 R-P 模型具有相似的较好相关性，Langmuir 方程和 Temkin 模型的相关性一般，D-R 模型的相关性比较差。

褐煤、焦煤、无烟煤吸附喹啉的各等温吸附式误差分析结果如表 6-3 所列。

表 6-3 褐煤、焦煤、无烟煤吸附喹啉等温吸附式误差分析

煤样	吸附式	误差						
		SSE	SAE	ARE	HYBRID	MPSD	DMPSD	归一化误差和
褐煤	Langmuir 方程	0.12	0.74	22.50	5.69	36.98	0.41	2.67
	Freundlich 方程	0.01	0.17	7.61	0.66	14.62	0.06	0.70
	Temkin 模型	0.42	1.28	50.50	33.29	108.52	3.53	11.27
	R-P 模型	0.00	0.13	5.84	0.56	13.05	0.03	0.55
	D-R 模型	1.05	1.65	30.81	22.20	47.17	0.67	5.61
焦煤	Langmuir 方程	0.11	0.66	16.92	4.02	27.92	0.23	1.69
	Freundlich 方程	0.02	0.23	4.66	0.44	6.64	0.01	0.41
	Temkin 模型	0.35	1.25	40.00	16.72	66.88	1.34	4.82
	R-P 模型	0.00	0.02	0.73	0.01	1.40	0.00	0.05
	D-R 模型	1.06	1.65	31.48	22.83	48.92	0.72	5.05
无烟煤	Langmuir 方程	0.21	0.94	22.78	6.76	32.34	0.31	3.21
	Freundlich 方程	0.04	0.37	5.96	0.87	8.35	0.02	0.79
	Temkin 模型	0.36	1.20	32.72	13.01	53.88	0.87	5.39
	R-P 模型	0.01	0.19	6.78	0.93	14.77	0.04	0.81
	D-R 模型	0.89	1.41	24.12	16.73	36.52	0.40	5.14

从表 6-3 可以看出，Freundlich 方程和 R-P 模型的归一化误差和较小，这与图 6-1 结果相吻合。

通过以上分析，说明可以采用 Freundlich 方程和 R-P 模型来表达褐煤、焦煤和无烟煤吸附喹啉的过程。

6.1.3.2 吸附吡啶

褐煤、焦煤和无烟煤吸附吡啶的等温吸附实验结果如表 6-4 所列。

表 6-4 褐煤、焦煤和无烟煤吸附吡啶的等温吸附实验结果

项目		水样 1	水样 2	水样 3	水样 4	水样 5
吡啶初始浓度/($mg \cdot L^{-1}$)		5	10	20	30	50
褐煤吸附	吡啶平衡浓度/($mg \cdot L^{-1}$)	0.53	2.00	5.78	9.93	19.96
	吡啶去除率/%	89.36	79.97	71.09	66.90	60.07
	吡啶平衡吸附量/($mg \cdot g^{-1}$)	0.22	0.40	0.71	1.00	1.50

表 6-4(续)

项目		水样 1	水样 2	水样 3	水样 4	水样 5
焦煤吸附	吡啶平衡浓度/(mg·L^{-1})	0.63	2.54	6.65	10.63	23.27
	吡啶去除率/%	87.36	74.62	66.74	64.56	53.45
	吡啶平衡吸附量/(mg·g^{-1})	0.22	0.37	0.67	0.97	1.34
无烟煤吸附	吡啶平衡浓度/(mg·L^{-1})	0.26	0.63	1.57	5.05	13.94
	吡啶去除率/%	94.72	93.68	92.16	83.18	72.11
	吡啶平衡吸附量/(mg·g^{-1})	0.24	0.47	0.92	1.25	1.80

利用 Origin 8.5 软件对 3 种煤吸附吡啶的过程进行线性拟合，获得的 5 种等温吸附式拟合结果如表 6-5 所列，计算出的平衡吸附量(Q_{eq})与平衡吸附浓度(C_{eq})的关系如图 6-2 所示。

表 6-5　褐煤、焦煤和无烟煤吸附吡啶等温吸附式参数值

煤样	Langmuir 方程				
	T/℃	K_L/(L·mg^{-1})	q_m/(mg·g^{-1})	R_L^a	R^2
褐煤	25	0.137 6	1.93	0.13	0.882 6
焦煤	25	0.127 2	1.73	0.14	0.912 6
无烟煤	25	0.442 2	2.05	0.04	0.987 0

煤样	Freundlich 方程			
	T/℃	K_{Fr}/[(mg·g^{-1})/(mg·L^{-1})]	$1/n$	R^2
褐煤	25	0.295 3	0.530	0.997 5
焦煤	25	0.259 0	0.520	0.982 2
无烟煤	25	0.557 8	0.500	0.930 3

煤样	Temkin 模型			
	T/℃	K_T/(L·g^{-1})	b_T/(kJ·mol^{-1})	R^2
褐煤	25	0.857 3	7.35	0.856 6
焦煤	25	0.732 9	8.03	0.873 0
无烟煤	25	1.809 9	6.34	0.982 6

煤样	R-P 模型				
	T/℃	K_R/(L·g^{-1})	α/(L·mg^{-1})	β	R^2
褐煤	25	−0.458 5	−2.598	0.335	0.999 8
焦煤	25	1.893 8	6.675	0.493	0.994 5
无烟煤	25	1.493 6	1.280	0.805	0.989 2

表 6-5(续)

煤样	D-R 模型			
	T/℃	K_{DR}/(mol·kJ^{-1})^2	E/(kJ·mol^{-1})	R^2
褐煤	25	−0.212 6	1.53	0.599 7
焦煤	25	−0.250 9	1.41	0.568 3
无烟煤	25	−0.121 3	2.03	0.861 2

注：R_L^a 为 C_0=50 mg·L^{-1}时的计算值。

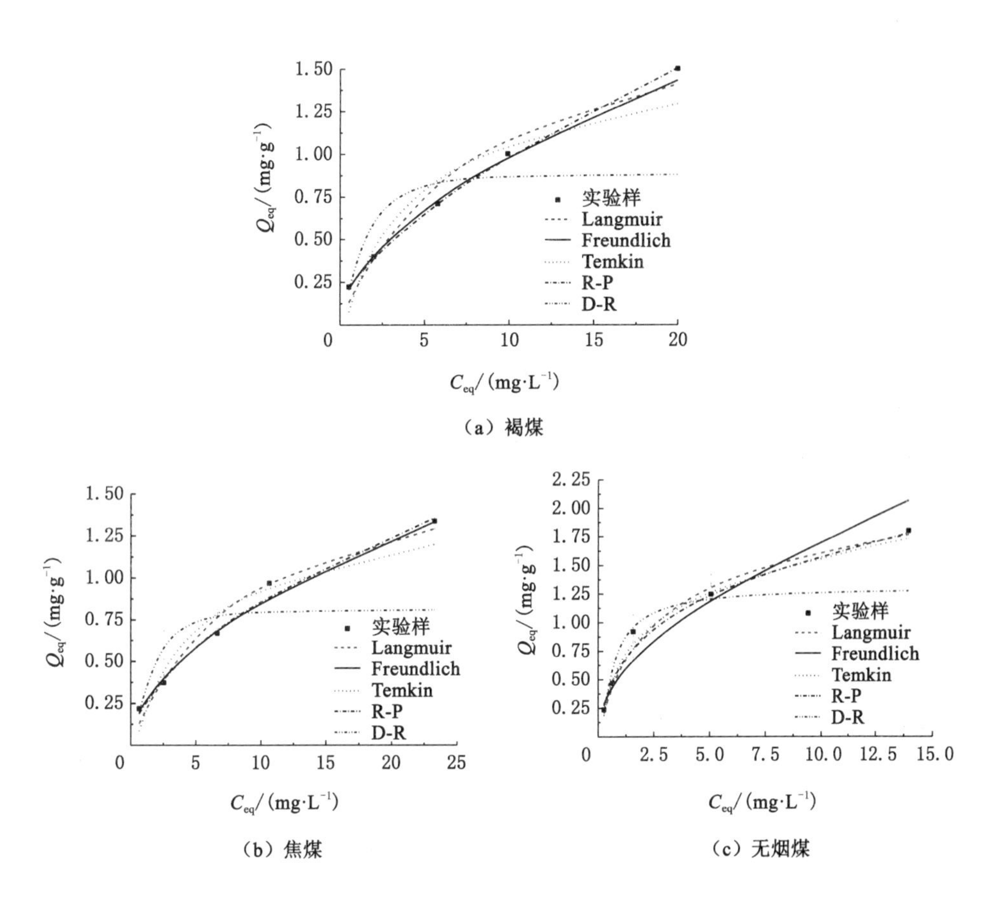

图 6-2　褐煤、焦煤和无烟煤吸附吡啶等温吸附式中平衡吸附量(Q_{eq})与平衡吸附浓度(C_{eq})关系

褐煤、焦煤、无烟煤吸附吡啶的各等温吸附式误差分析结果如表 6-6 所列。

表 6-6 褐煤、焦煤、无烟煤吸附吡啶等温吸附式误差分析

煤样	吸附式	误差						
		SSE	SAE	ARE	HYBRID	MPSD	DMPSD	归一化误差和
褐煤	Langmuir 方程	0.05	0.45	16.43	2.81	27.51	0.23	1.91
	Freundlich 方程	0.01	0.15	4.48	0.24	6.24	0.01	0.42
	Temkin 模型	0.11	0.70	28.01	6.89	45.04	0.61	3.59
	R-P 模型	0.0004	0.04	1.02	0.02	1.75	0.001	0.10
	D-R 模型	0.52	1.23	32.23	18.33	53.18	0.85	6.00
焦煤	Langmuir 方程	0.03	0.33	15.75	2.29	27.25	0.22	1.82
	Freundlich 方程	0.01	0.17	6.43	0.50	9.90	0.03	0.61
	Temkin 模型	0.08	0.57	26.43	6.02	43.77	0.57	3.25
	R-P 模型	0.01	0.19	7.67	0.78	13.90	0.04	0.76
	D-R 模型	0.42	1.14	33.03	17.29	55.25	0.92	6.00
无烟煤	Langmuir 方程	0.04	0.33	7.55	1.13	11.11	0.04	1.49
	Freundlich 方程	0.12	0.56	13.15	3.51	20.79	0.13	3.21
	Temkin 模型	0.02	0.31	9.78	0.96	15.13	0.07	1.75
	R-P 模型	0.02	0.26	8.04	1.13	14.90	0.04	1.52
	D-R 模型	0.34	0.89	19.57	8.53	30.87	0.29	6.00

比较表 6-5 中的相关系数 R^2，Freundlich 方程和 R-P 模型的 R^2 都大于 0.98，说明相关性较好；Langmuir 方程、Temkin 模型和 D-R 模型的 R^2 都小于 0.92，说明相关性较差。无烟煤吸附吡啶的 R^2 都大于 0.93，只有 D-R 模型的 R^2 值相对较小。Freundlich 方程中，$1/n$ 的值都介于 0.5～0.6，说明吸附吡啶属于较易吸附反应；K_{Fr}值大小顺序为无烟煤>褐煤>焦煤，与静态吸附实验中吸附速率规律相一致。R-P 模型中，β 的值都小于 1，说明不能将其归纳为 Langmuir 方程(其中无烟煤的 β 为 0.805，其吸附过程接近 Langmuir 方程)；经计算 $|\alpha|C_{eq}^{\beta}>1$，说明可以将其归纳为 Freundlich 方程。D-R 模型中，平均吸附自由能 E 在 0～8.0 $kJ \cdot mol^{-1}$，说明吸附以物理吸附为主。

从图 6-2 所示平衡吸附量(Q_{eq})与平衡吸附浓度(C_{eq})的关系可以看出，褐煤和焦煤吸附吡啶的 Freundlich 方程和 R-P 模型的相关性相似且较高，无烟煤吸附吡啶的 Langmuir 方程、Freundlich 方程和 R-P 模型的相关性相似且较高，其余方程的相关性差。

从表 6-6 可以看出，对于焦煤和褐煤吸附吡啶，Freundlich 方程和 R-P 模型的归一化误差和较小；对于无烟煤吸附吡啶，Langmuir 方程、Freundlich 方程和

R-P 模型的归一化误差和较小，这与图 6-2 结果相吻合。

通过以上分析，说明可以采用 Freundlich 方程和 R-P 模型来表达褐煤、焦煤和无烟煤吸附吡啶的过程。

6.1.3.3　吸附吲哚

褐煤、焦煤和无烟煤吸附吲哚的等温吸附实验结果如表 6-7 所列。

表 6-7　褐煤、焦煤和无烟煤吸附吲哚的等温吸附实验结果

项　目		水样 1	水样 2	水样 3	水样 4	水样 5
吲哚初始浓度/($mg \cdot L^{-1}$)		5.00	10.00	20.00	30.00	50.00
褐煤吸附	吲哚平衡浓度/($mg \cdot L^{-1}$)	0.24	0.60	1.35	2.06	3.70
	吲哚去除率/%	95.13	94.02	93.23	93.12	92.61
	吲哚平衡吸附量/($mg \cdot g^{-1}$)	0.24	0.47	0.93	1.40	2.32
焦煤吸附	吲哚平衡浓度/($mg \cdot L^{-1}$)	0.39	0.80	1.76	2.75	5.04
	吲哚去除率/%	92.29	91.99	91.22	90.84	89.91
	吲哚平衡吸附量/($mg \cdot g^{-1}$)	0.23	0.46	0.91	1.36	2.25
无烟煤吸附	吲哚平衡浓度/($mg \cdot L^{-1}$)	0.13	0.36	0.81	1.47	2.91
	吲哚去除率/%	97.49	96.38	95.95	95.09	94.17
	吲哚平衡吸附量/($mg \cdot g^{-1}$)	0.24	0.48	0.96	1.43	2.35

使用 Origin 8.5 软件对 3 种煤吸附吲哚过程进行线性拟合，获得的 5 种等温吸附式模拟结果如表 6-8 所列，计算出的平衡吸附量(Q_{eq})与平衡吸附浓度(C_{eq})关系曲线如图 6-3 所示。

表 6-8　褐煤、焦煤和无烟煤吸附吲哚等温吸附式参数值

煤样	Langmuir 方程				
	T/℃	K_L/($L \cdot mg^{-1}$)	q_m/($mg \cdot g^{-1}$)	R_L^a	R^2
褐煤	25	0.125 3	7.02	0.14	0.689 9
焦煤	25	0.072 9	8.26	0.22	0.963 3
无烟煤	25	0.383 1	4.28	0.05	0.868 8

煤样	Freundlich 方程			
	T/℃	K_{Fr}/[($mg \cdot g^{-1}$)/($mg \cdot L^{-1}$)]	$1/n$	R^2
褐煤	25	0.751 2	0.840	0.997 9
焦煤	25	0.548 5	0.890	0.999 3
无烟煤	25	1.077 8	0.730	0.997 4

表 6-8(续)

煤样	Temkin 模型			
	T/℃	K_T/(L·g^{-1})	b_T/(kJ·mol^{-1})	R^2
褐煤	25	1.392 0	3.41	0.840 1
焦煤	25	0.974 7	3.28	0.884 3
无烟煤	25	2.055 9	3.82	0.861 8

煤样	R-P 模型				
	T/℃	K_R/(L·g^{-1})	α/(L·mg^{-1})	β	R^2
褐煤	25	−1.376 2	−2.860	0.085	0.999 8
焦煤	25	0.664 3	0.195	0.569	0.999 9
无烟煤	25	4.905 2	3.519	0.343	0.999 3

煤样	D-R 模型			
	T/℃	K_{DR}/(mol·kJ^{-1})^2	E/(kJ·mol^{-1})	R^2
褐煤	25	−0.214 0	1.53	0.791 5
焦煤	25	−0.204 0	1.57	0.826 2
无烟煤	25	−0.068 8	2.70	0.805 7

注:R_L^a 为 C_0=50 mg·L^{-1}时的计算值。

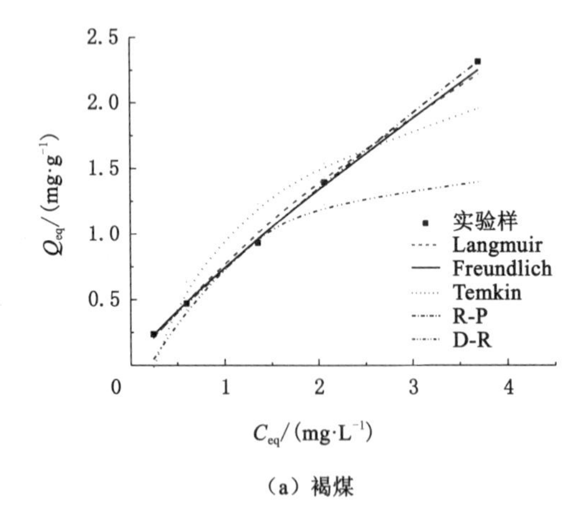

(a) 褐煤

图 6-3 褐煤、焦煤和无烟煤吸附吲哚等温吸附式中平衡吸附量(Q_{eq})与平衡吸附浓度(C_{eq})关系

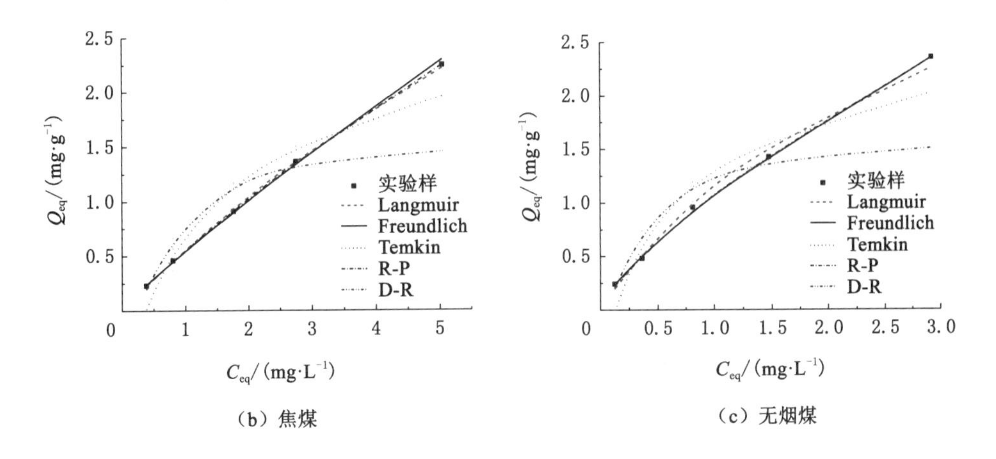

（b）焦煤

（c）无烟煤

图 6-3(续)

褐煤、焦煤、无烟煤吸附吲哚的各等温吸附式误差分析如表 6-9 所列。

表 6-9 褐煤、焦煤、无烟煤吸附吲哚的吸附等温式误差分析

煤样	吸附式	误差						
		SSE	SAE	ARE	HYBRID	MPSD	DMPSD	归一化误差和
褐煤	Langmuir 方程	0.02	0.27	6.64	0.59	9.80	0.03	0.62
	Freundlich 方程	0.01	0.14	3.04	0.15	4.15	0.01	0.28
	Temkin 模型	0.33	1.22	39.89	16.44	68.17	1.39	5.43
	R-P 模型	0.001	0.06	2.57	0.14	6.35	0.01	0.24
	D-R 模型	0.91	1.40	30.01	18.19	52.81	0.84	5.35
焦煤	Langmuir 方程	0.002	0.08	1.65	0.05	2.33	0.002	0.19
	Freundlich 方程	0.003	0.09	1.75	0.06	2.35	0.002	0.21
	Temkin 模型	0.22	1.00	33.51	11.55	58.49	1.03	5.70
	R-P 模型	0.000 1	0.02	0.58	0.01	1.12	0.000 3	0.07
	D-R 模型	0.74	1.32	25.18	15.13	37.94	0.43	5.42
无烟煤	Langmuir 方程	0.03	0.35	9.12	0.97	13.73	0.06	0.82
	Freundlich 方程	0.00	0.08	2.64	0.12	4.60	0.01	0.21
	Temkin 模型	0.29	1.17	39.01	15.66	67.49	1.37	5.10
	R-P 模型	0.002	0.09	3.45	0.20	7.04	0.01	0.28
	D-R 模型	0.84	1.41	26.55	17.01	41.18	0.51	4.66

比较表 6-8 中相关系数 R^2，Freundlich 方程和 R-P 模型的 R^2 都大于 0.99，说明相关性较好；Langmuir 方程、Temkin 模型和 D-R 模型的 R^2 相对较小，说明相关性较差。Freundlich 方程中，$1/n$ 都介于 0.7～0.9，说明吸附吲哚属于较易吸附；K_{Fr} 值大小顺序为无烟煤＞褐煤＞焦煤，与静态吸附实验中吸附速率规律相一致。R-P 模型中，β 计算值都小于 1，说明不能将其归纳为 Langmuir 方程；经计算 $|\alpha|C_{eq}^{\beta}>1$，说明可以将其归纳为 Freundlich 方程。D-R 模型中，平均吸附自由能 E 在 0～8.0 kJ·mol^{-1}，说明吸附过程以物理吸附为主。

从图 6-3 所示平衡吸附量（Q_{eq}）与平衡吸附浓度（C_{eq}）的关系曲线可以看出，Freundlich 方程和 R-P 模型具有相似的较高相关性，Langmuir 方程和 Temkin 模型的相关性一般，D-R 模型的相关性比较差。

从表 6-9 可以看出，Freundlich 方程和 R-P 模型的归一化误差和较小，这与图 6-3 结果相吻合。

通过以上分析，说明可以采用 Freundlich 方程和 R-P 模型来表达褐煤、焦煤和无烟煤吸附吲哚的过程。

6.1.3.4 吸附苯酚

褐煤、焦煤和无烟煤吸附苯酚的等温吸附实验结果如表 6-10 所列。

表 6-10 褐煤、焦煤和无烟煤吸附苯酚的等温吸附实验结果

项目		水样 1	水样 2	水样 3	水样 4	水样 5	水样 6	水样 7
苯酚初始浓度/(mg·L^{-1})		5	10	20	40	60	80	120
褐煤吸附	苯酚平衡浓度/(mg·L^{-1})	1.34	3.85	9.38	21.78	36.60	51.20	80.40
	苯酚去除率/%	73.12	61.54	53.12	45.54	39.00	36.00	33.00
	苯酚平衡吸附量/(mg·g^{-1})	0.18	0.31	0.53	0.91	1.17	1.44	1.98
焦煤吸附	苯酚平衡浓度/(mg·L^{-1})	1.88	4.70	10.51	22.80	37.80	52.80	82.80
	苯酚去除率/%	62.43	53.00	47.43	43.00	37.00	34.00	31.00
	苯酚平衡吸附量/(mg·g^{-1})	0.16	0.27	0.47	0.86	1.11	1.36	1.86
无烟煤吸附	苯酚平衡浓度/(mg·L^{-1})	1.09	3.30	8.36	19.20	32.40	47.20	74.40
	苯酚去除率/%	78.21	67.00	58.21	52.00	46.00	41.00	38.00
	苯酚平衡吸附量/(mg·g^{-1})	0.20	0.34	0.58	1.04	1.38	1.64	2.28

使用 Origin 8.5 软件对苯酚的吸附过程进行线性拟合，所得的 5 种等温吸附式的模拟结果如表 6-11 所列，计算出的平衡吸附量（Q_{eq}）与平衡吸附浓度（C_{eq}）关系曲线如图 6-4 所示。

表 6-11 褐煤、焦煤和无烟煤吸附苯酚的等温吸附式参数

煤样	Langmuir 方程				
	T/℃	K_L/(L・mg^{-1})	q_m/(mg・g^{-1})	R_L^a	R^2
褐煤	25	0.033 1	2.46	0.23	0.907 9
焦煤	25	0.023 4	2.62	0.30	0.914 2
无烟煤	25	0.036 5	2.84	0.22	0.896 5
煤样	Freundlich 方程				
	T/℃	K_{Fr}/[(mg・g^{-1})/(mg・L^{-1})]		$1/n$	R^2
褐煤	25	0.147 0		0.584	0.997 8
焦煤	25	0.100 4		0.663	0.998 6
无烟煤	25	0.175 8		0.588	0.996 8
煤样	Temkin 模型				
	T/℃	K_T/(L・g^{-1})		b_T/(kJ・mol^{-1})	R^2
褐煤	25	−0.442 0		5.99	0.866 5
焦煤	25	−0.795 1		5.74	0.887 2
无烟煤	25	−0.295 6		5.29	0.865 6
煤样	R-P 模型				
	T/℃	K_R/(L・g^{-1})	α/(L・mg^{-1})	β	R^2
褐煤	25	−1.365 6	−2.365	0.511	0.998 4
焦煤	25	−0.886 3	−1.956	0.481	0.996 2
无烟煤	25	8.768 4	5.859	0.639	0.995 0
煤样	D-R 模型				
	T/℃	K_{DR}/(mol・kJ^{-1})^2		E/(kJ・mol^{-1})	R^2
褐煤	25	−0.967 9		0.73	0.540 3
焦煤	25	−1.768 0		0.53	0.571 3
无烟煤	25	−0.727 4		0.83	0.532 3

注：R_L^a 为 C_0＝100 mg・L^{-1}时的计算值。

褐煤、焦煤、无烟煤吸附苯酚的各等温吸附式误差分析如表 6-12 所列。

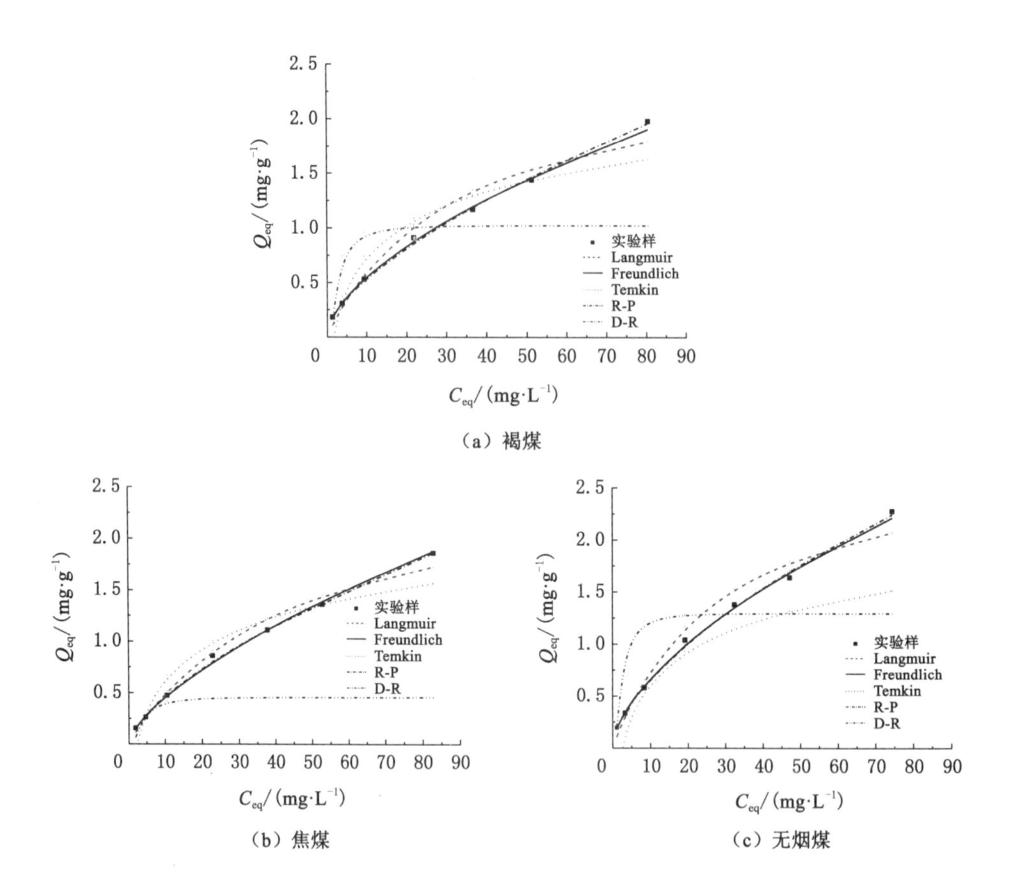

（a）褐煤

（b）焦煤

（c）无烟煤

图 6-4　褐煤、焦煤和无烟煤吸附苯酚过程中平衡吸附量(Q_{eq})与平衡吸附浓度(C_{eq})关系

表 6-12　褐煤、焦煤、无烟煤吸附苯酚的吸附等温式误差分析

煤样	模型	误差						
		SSE	SAE	ARE	HYBRID	MPSD	DMPSD	归一化误差和
褐煤	Langmuir 方程	0.07	0.30	0.42	0.05	0.29	0.08	1.21
	Freundlich 方程	0.01	0.08	0.07	0.03	0.05	0.00	0.23
	Temkin 模型	0.19	0.47	0.87	0.37	0.82	0.68	3.40
	R-P 模型	0.00	0.06	0.05	0.03	0.04	0.00	0.18
	D-R 模型	1.00	1.00	1.00	1.00	1.00	1.00	6.00

表 6-12(续)

煤样	模型	误差						
		SSE	SAE	ARE	HYBRID	MPSD	DMPSD	归一化误差和
焦煤	Langmuir 方程	1.14	2.68	18.36	10.41	29.45	0.43	2.67
	Freundlich 方程	0.19	0.82	3.69	1.99	4.98	0.01	0.47
	Temkin 模型	1.41	2.75	16.61	13.62	29.67	0.44	2.75
	R-P 模型	0.05	0.48	2.74	1.01	4.40	0.01	0.32
	D-R 模型	7.84	5.91	28.92	38.23	42.78	0.92	6.00
无烟煤	Langmuir 方程	0.06	0.29	0.28	0.03	0.23	0.06	0.96
	Freundlich 方程	0.01	0.08	0.07	0.03	0.05	0.00	0.24
	Temkin 模型	0.53	0.71	0.86	0.76	1.19	1.43	5.48
	R-P 模型	0.00	0.07	0.06	0.03	0.05	0.00	0.22
	D-R 模型	1.00	1.00	1.00	1.00	1.00	1.00	6.00

比较表 6-11 中的相关系数 R^2，Freundlich 方程和 R-P 模型的 R^2 都大于 0.99，说明相关性较好；Langmuir 方程、Temkin 模型和 D-R 模型的 R^2 相对较小。Freundlich 方程的 R^2 都大于 0.99，且 $1/n$ 都介于 0.7～0.9，说明吸附苯酚属于较易吸附。Freundlich 方程的 K_{Fr} 值大小顺序为无烟煤＞褐煤＞焦煤，符合静态吸附实验中吸附速率规律。Langmuir 方程的 R_L^a 值都介于 0～1，说明吸附过程为有利吸附。R-P 模型中，β 值都小于 1，说明不能将其归纳为 Langmuir 方程；经计算 $|\alpha|C_{eq}^{\beta}>1$，说明可以将其归纳为 Freundlich 方程。D-R 模型中，平均吸附自由能 E 的值都在 0～8.0 kJ·mol^{-1} 内，说明吸附以物理吸附为主。

从图 6-4 所示平衡吸附量(Q_{eq})与平衡吸附浓度(C_{eq})关系曲线可以看出，Freundlich 方程和 R-P 模型具有相似的较高相关性，Langmuir 方程和 Temkin 模型的相关性一般，D-R 模型的相关性比较差。

从表 6-12 可以看出，Freundlich 方程和 R-P 模型的归一化误差和最小，这与图 6-4 结果相吻合。

通过以上分析，说明可以采用 Freundlich 方程和 R-P 模型来表达褐煤、焦煤和无烟煤吸附苯酚的过程。

6.1.4 吸附热力学函数计算

吸附质从溶液中转移到吸附剂表面，会引起系统的热力学变化。吸附标准自由能 $\Delta G^{\ominus}$ 的变化可以通过以下公式计算[145,156-158]：

$$\Delta G^{\ominus} = -RT\ln K_0 \tag{6-21}$$

吸附标准吉布斯自由能 $\Delta G^{\ominus}$ 与吸附标准焓变 $\Delta H^{\ominus}$ 和吸附标准熵变 $\Delta S^{\ominus}$ 的关系如下[159]：

$$\Delta G^{\ominus} = \Delta H^{\ominus} - T\Delta S^{\ominus} \tag{6-22}$$

联立以上两个公式，得到：

$$\ln K_0 = \frac{\Delta S^{\ominus}}{R} - \frac{\Delta H^{\ominus}}{RT} \tag{6-23}$$

式中，R 为理想气体常数，8.314 $\mathrm{J \cdot K^{-1} \cdot mol^{-1}}$；$T$ 为吸附绝对温度，K；K_0 为分配比。

不同的吸附方程具有不同的 K_0 值，从而得到不同的 $\Delta G^{\ominus}$ 值。Khan 和 Singh[160] 认为以 $\ln \frac{Q_{eq}}{C_{eq}}$ 对 Q_{eq} 作图，得到一条直线，直线的截距就是 $\ln K_0$。这个方法应用比较广泛，本章采用这个方法计算 $\Delta G^{\ominus}$ 值。

为了研究考察吸附分配比随温度的变化，以 $1/T$ 为横坐标、以 $\ln K_0$ 为纵坐标作图，若得到一条直线，说明与温度系数公式吻合，可以根据直线的斜率和截距计算得到 $\Delta H^{\ominus}$ 和 $\Delta S^{\ominus}$ 值，还可以根据式(6-22)求得 $\Delta G^{\ominus}$[161]。

$\Delta G^{\ominus}$ 为负值，说明吸附是自发的过程，而 $\Delta H^{\ominus}$ 小于零，说明反应为放热反应。通常情况下，物理吸附的吸附热(吸附标准焓变)是小于化学吸附的，前者在大约在 0～20 $\mathrm{kJ \cdot mol^{-1}}$，而后者在 80～400 $\mathrm{kJ \cdot mol^{-1}}$。$\Delta S^{\ominus} < 0$，表明分子被吸附到煤表面上以后运动受到限制，使吸附熵减小。因此可以通过吸附热力学计算来判断吸附的类型。

根据实验结果，得到褐煤、焦煤、无烟煤吸附喹啉的 $\ln \frac{Q_{eq}}{C_{eq}}$ 与 Q_{eq} 关系图，如图 6-5 所示。

根据图 6-5 得到不同煤样吸附不同有机物条件下的 $\ln K_0$ 值。K_0 值的不同会影响热力学函数的计算值[162]，除了利用 $\ln \frac{Q_{eq}}{C_{eq}}$ 与 Q_{eq} 直线的截距获得 $\ln K_0$ 值，还可以利用 Langmuir 方程的 K_L 值和 Freundlich 方程中的 K_{Fr} 值来计算 $\Delta G^{\ominus}$ 值。计算结果如表 6-13 所列。

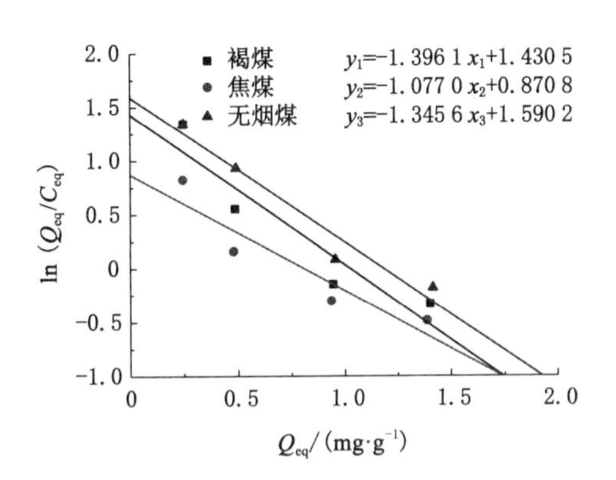

图 6-5 吸附喹啉的 $\ln\frac{Q_{eq}}{C_{eq}}$与 Q_{eq}关系图

表 6-13 吸附喹啉的 $\ln K_0$和 $\Delta G^{\ominus}$ 计算结果

煤样	T/K	$\ln\frac{Q_{eq}}{C_{eq}}$与 Q_{eq}		Langmuir 方程		Freundlich 方程	
		$\ln K_0$	$\Delta G^{\ominus}$/(kJ·mol^{-1})	$\ln K_L$	$\Delta G^{\ominus}$/(kJ·mol^{-1})	$\ln K_{Fr}$	$\Delta G^{\ominus}$/(kJ·mol^{-1})
褐煤	298.15	1.4305	−2.35	−0.54	1.34	−0.06	0.14
焦煤	298.15	0.8708	−1.43	−0.77	1.92	−0.15	0.37
无烟煤	298.15	1.5902	−2.62	−0.16	0.39	0.11	−0.27

由表 6-13 可见，根据 $\ln\frac{Q_{eq}}{C_{eq}}$与 Q_{eq}关系曲线计算方式得到的 $\Delta G^{\ominus}$都小于 0，说明吸附过程是自发过程。作为比较，还通过 Langmuir 方程和 Freundlich 方程中的吸附速率参数计算 $\Delta G^{\ominus}$的值，发现采用不同的计算方法，得到的值不同。因此，当分析比较不同吸附过程的热力学计算结果时，必须使用同一种计算方法。

以焦煤吸附喹啉为研究对象，计算吸附过程中的 $\Delta H^{\ominus}$和 $\Delta S^{\ominus}$值。

根据温度实验结果，得到不同温度下焦煤吸附喹啉的 $\ln\frac{Q_{eq}}{C_{eq}}$与 Q_{eq}关系曲线，如图 6-6 所示。

根据图 6-6 得到不同温度下的 $\ln K_0$ 值，利用 $\ln K_0$ 对 1 000/T 作图，得到 $\ln K_0$ 与 1 000/T 的关系曲线，如图 6-7 所示。

根据图 6-7 中曲线的斜率和截距可求出 $\Delta H^{\ominus}$和 $\Delta S^{\ominus}$，得到焦煤吸附喹啉反应的热力学函数值，如表 6-14 所列。

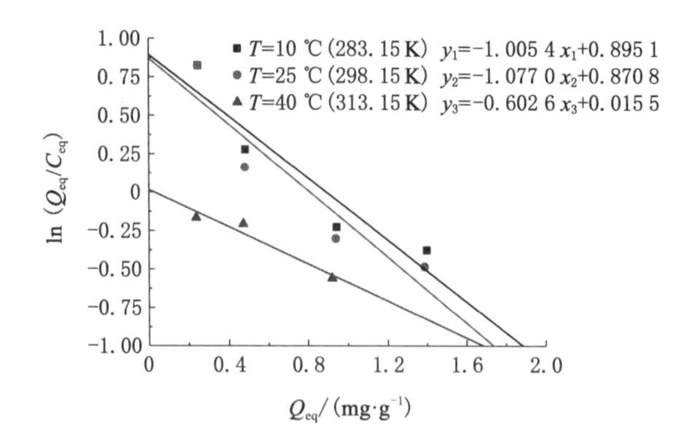

图 6-6 不同温度下焦煤吸附喹啉的 $\ln \frac{Q_{eq}}{C_{eq}}$ 与 Q_{eq} 关系图

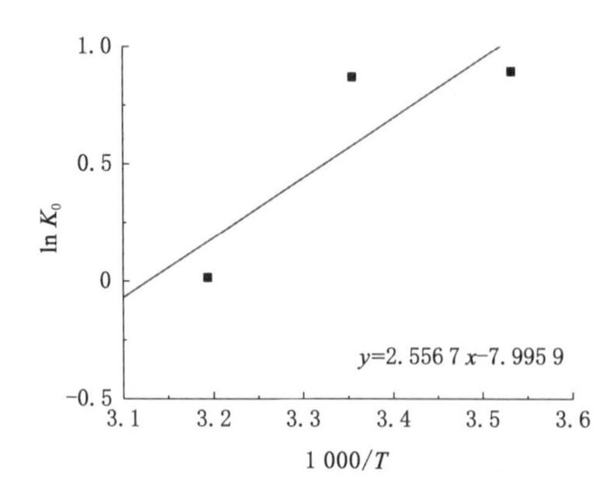

图 6-7 焦煤吸附喹啉的 $\ln K_0$ 与 $1\,000/T$ 关系曲线

表 6-14 焦煤吸附喹啉的热力学函数值

T/K	$\ln K_0$	$\Delta H^{\ominus}$/(kJ・mol^{-1})	$\Delta S^{\ominus}$/(kJ・mol^{-1})	$\Delta G^{\ominus}$/(kJ・mol^{-1})
283.15	0.835 2	−21.27	−66.48	−1.47
298.15	0.870 8			−1.43
333.15	0.015 5			−0.03

由表 6-14 可知 $\Delta G^{\ominus}<0$，说明在 T 温度下，焦煤吸附喹啉是一个自发的过程；$\Delta H^{\ominus}=-21.27\ \text{kJ}\cdot\text{mol}^{-1}$，说明吸附过程为放热反应，且主要为物理吸附，在低温时有利于吸附过程（分析主要是由于高温使得吸附质分子在溶液中的运

动变得剧烈，导致在煤粉表面的脱附概率增大）；$\Delta S^{\ominus}=-66.48\ \mathrm{kJ\cdot mol^{-1}}<0$，表明分子被吸附到煤表面上以后运动受到限制，使吸附熵减小。不过，吸附过程并不是一个独立的过程，即使系统的熵减少，总熵（包括系统和周围环境）也有可能增加。

6.2 吸附动力学研究

6.2.1 吸附动力学

吸附动力学对研究吸附过程有着重要的意义。固-液界面的吸附传质过程比较复杂，通常假设其分为几个步骤，整个传质过程的速度受到最慢的那个步骤制约，要想大幅提高总的传质速率，必须先提高传质最慢步骤的速率。因此，了解吸附过程速率由哪个吸附步骤控制，对于了解吸附过程和提高吸附效率有着重要的作用。目前，人们对于褐煤、焦煤和无烟煤吸附处理焦化废水的研究较少，对其吸附动力学特性的研究也相对较少，需要全面了解其吸附过程、传质机理、吸附速率、传质控制步骤和操作条件参数等，以充分利用煤炭吸附容量、最大限度提高煤炭的吸附效率[163]。

6.2.1.1 吸附步骤

等温吸附和混合振荡吸附条件下，被吸附组分在溶液中的扩散速率可以忽略。因此，多孔吸附剂的吸附可以分为 3 个连续基本过程[164]，如图 6-8 所示，分别为：

（1）膜扩散，是吸附质分子在吸附剂颗粒表面的薄液层（称为流体界面膜）中扩散的过程。流体界面膜是紧挨着固体表面的液体边界层，具有一定的厚度，大小与溶液的流体特性相关，在分子扩散中起到一定的阻碍作用。

（2）颗粒内部扩散，吸附质分子先在颗粒内的溶液中扩散（定义为细孔扩散），运动到内表面后，再在内表面固-液界面上进一步扩散（定义为内表面扩散）。

（3）吸附附着，指运动到内表面的吸附质分子受到吸引力作用，与固体表面的吸附点相结合的过程。

6.2.1.2 吸附动力学速率方程

建立吸附动力学方程，进一步详细描述静态吸附的动力学行为，有助于研究吸附过程，并找到吸附控制步骤。在固-液界面吸附中，描述吸附动力学速率的方程有多种，常用的有准一级动力学速率模型、准二级动力学速率模型、颗粒内部扩散模型和 Bangham（班厄姆）模型[116,165]。

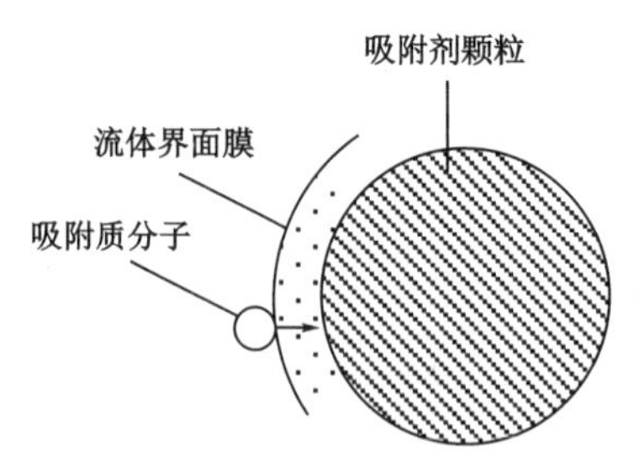

(a) 分子向吸附剂颗粒的流体界面膜内移动

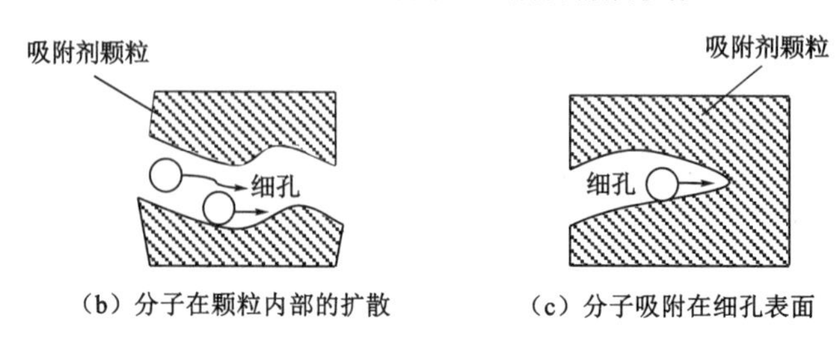

(b) 分子在颗粒内部的扩散　　(c) 分子吸附在细孔表面

图 6-8　多孔吸附剂吸附的 3 个过程

(1) 准一级动力学速率模型

1989 年,由 Lagergren 提出的准一级吸附速率模型[166-168],其表达式为:

$$\frac{dQ_t}{dt} = k_1(Q_{eq} - Q_t) \tag{6-24}$$

积分形式为:

$$Q_t = Q_{eq}(1 - e^{-k_1 t}) \tag{6-25}$$

线性形式为:

$$\lg(Q_{eq} - Q_t) = \lg Q_{eq} - \left(\frac{k_1}{2.303}\right)t \tag{6-26}$$

边界条件为:

$$t = 0, Q_t = 0; t = t, Q_t = Q_{eq} \tag{6-27}$$

式中,Q_{eq}为吸附平衡时吸附剂的吸附量,$mg \cdot g^{-1}$;Q_t 为 t 时间时吸附剂的平衡吸附量,$mg \cdot g^{-1}$;k_1 为准一级动力学吸附速率常数,min^{-1}。

以 t 为横坐标、$\lg(Q_{eq} - Q_t)$为纵坐标作图,若得到一条直线,说明吸附过程符合准一级动力学速率模型。

为了确定吸附过程是否可以用准一级动力学速率模型来表示,需先测定吸附平衡时的吸附量 Q_{eq}。理论上讲,Q_{eq}不能通过实验测得,只能通过动力学方程作图后推断出其值大小。因此只有在特定的吸附时间范围内,拟合准一级动力学方程与实验数据的相关性较好。

(2) 准二级动力学速率模型

准二级动力学速率模型是由 Ho[169]研究得到的[170-171]，其表达式：

$$\frac{dQ_t}{dt} = k_2(Q_{eq} - Q_t)^2 \tag{6-28}$$

积分形式为：

$$\frac{1}{(Q_{eq} - Q_t)} = \frac{1}{Q_{eq}} + k_2 t \tag{6-29}$$

线性形式为：

$$\frac{t}{Q_t} = \frac{1}{k_2 {Q_{eq}}^2} + \frac{t}{Q_{eq}} \tag{6-30}$$

边界条件为：

$$t = 0, Q_t = 0; t = t, Q_t = Q_{eq} \tag{6-31}$$

式中，k_2 为准二级动力学吸附速率常数，g · mg^{-1} · min^{-1}。

以 t 为横坐标、$\frac{t}{Q_t}$为纵坐标作图，若得到一条直线，说明吸附过程符合准二级动力学速率模型。通过直线的斜率和截距可以求出 k_2 和 Q_{eq}。准二级动力学速率模型可以更准确地表示吸附过程，模型还与吸附控制步骤的吸附速率吻合。

初始吸附速率 h(mg · g^{-1} · min^{-1})为：

$$h = k_2 \cdot {Q_{eq}}^2 \tag{6-32}$$

式中，Q_{eq}为平衡时的吸附量，mg · g^{-1}。

(3) 颗粒内部扩散模型

吸附质分子在吸附剂内部孔隙中的扩散过程为吸附质分子先在细孔的溶液中扩散，运动到内表面后，再在内表面固-液界面上进一步扩散。吸附质分子在溶液中的浓度梯度为颗粒内部扩散的动力来源。当吸附过程的控制步骤为颗粒内部扩散时，其吸附过程可以用颗粒内部扩散动力学模型来表达。而颗粒内部扩散模型可以用 Weber-Morris 提出的经验公式来表示：

$$Q_t = k_3 t^{0.5} + m \tag{6-33}$$

式中，k_3 为颗粒内部速率常数，mg · g^{-1} · min$^{-1/2}$。

以 Q_t 对 $t^{0.5}$ 作图，若得到一条通过坐标原点的直线，则表示颗粒内部扩散是总吸附速率的唯一控制步骤，否则表示总吸附速率由包括颗粒扩散在内的两个或三个步骤共同控制，比如膜扩散和内部扩散共同控制吸附过程[172-173]。直线的斜率表示内部扩散速率 k_{id}(mg · g^{-1} · min^{-1})，截距反映的是边界层厚度，截距越大表示膜扩散在速率控制中所占比重越大。

(4) Bangham 模型

由 Bangham 提出的 Bangham 吸附动力学方程[174]，其表达式为：

$$\frac{\mathrm{d}Q_t}{\mathrm{d}t} = k_4(C_0 - Q_t m)\gamma_c t^{\gamma_c - 1} \tag{6-34}$$

积分形式为：

$$Q_t = \frac{C_0}{m} - \frac{C_0}{m \cdot \exp(k_4 m t^{\gamma_c})} \tag{6-35}$$

线性形式为：

$$\lg\lg\left(\frac{C_0}{C_0 - Q_t m}\right) = \lg\frac{k_4 m}{2.3} + \gamma_c \lg t \tag{6-36}$$

边界条件为：

$$t = 0, Q_t = 0; t = t, Q_t = Q_{eq} \tag{6-37}$$

式中，C_0 为初始溶液中吸附质的浓度，$\mathrm{mg \cdot L^{-1}}$；k_4 为比例常数；γ_c 为常数；其他参数含义同前。

以 $\lg\lg\dfrac{C_0}{C_0 - Q_t m}$ 对 $\lg t$ 作图，拟合得到一条直线，根据拟合的相关系数得到 Bangham 方程，用于进一步验证吸附速率控制步骤是否受到颗粒扩散（孔内扩散）唯一控制[175]。如果相关系数较低，说明颗粒内扩散并非吸附过程中的唯一控制步骤，还存在其他控制步骤。

6.2.2 吸附动力学方程拟合

采用 Origin 8.5 和 1stOp 软件对褐煤、焦煤和无烟煤吸附喹啉、吡啶、吲哚和苯酚的吸附动力学方程进行线性拟合，包括对准一级动力学模型、准二级动力学模型、颗粒内部扩散模型和 Bangham 模型 4 种吸附动力模型中的常数和相关系数模拟。

6.2.2.1 吸附喹啉

褐煤、焦煤和无烟煤吸附喹啉的吸附动力学拟合结果如表 6-15 所列。

表 6-15 褐煤、焦煤和无烟煤吸附喹啉的吸附动力学模拟值

煤样	准一级动力学速率模型			
	$Q_{eq(meas)}$/(mg·g^{-1})	$Q_{eq(calc)}$/(mg·g^{-1})	k_1/min^{-1}	R^2
褐煤	1.23	0.85	0.031 6	0.948 0
焦煤	1.19	0.95	0.026 8	0.902 1
无烟煤	1.27	0.79	0.056 8	0.932 3

表 6-15(续)

煤样	准二级动力学速率模型			
	$Q_{eq(calc)}/(mg \cdot g^{-1})$	$k_2/(g \cdot mg^{-1} \cdot min^{-1})$	$h/(mg \cdot g^{-1} \cdot min^{-1})$	R^2
褐煤	1.25	0.111 8	0.185	0.999 9
焦煤	1.24	0.101 4	0.157	0.999 8
无烟煤	1.28	0.203 8	0.330	0.999 6

煤样	颗粒内部扩散模型		
	$k_3/(mg \cdot g^{-1} \cdot min^{-0.5})$	截距	R^2
褐煤	0.044 7	0.718 5	0.739 3
焦煤	0.040 9	0.709 7	0.693 9
无烟煤	0.038 5	0.834 2	0.546 6

煤样	Bangham 模型		
	k_4	γ	R^2
褐煤	0.010 5	0.182 5	0.862 1
焦煤	0.010 4	0.175 3	0.825 4
无烟煤	0.012 4	0.158 0	0.731 4

由表 6-15 可知,准一级动力学速率模型的相关性系数 R^2 值较低,且计算值 $Q_{eq(calc)}$ 远低于实验值 $Q_{eq(meas)}$,说明褐煤、焦煤和无烟煤对喹啉的吸附过程不符合准一级动力学速率模型;准二级动力学速率方程的 R^2 值较高,均大于 0.999,且计算值 $Q_{eq(calc)}$ 和实验值 $Q_{eq(meas)}$ 相近,说明吸附过程符合准二级动力学速率模型。

3 种煤吸附喹啉的准二级动力学速率模型的初始吸附速率 h 的大小顺序为无烟煤>褐煤>焦煤,说明无烟煤开始吸附喹啉的速率大于褐煤及焦煤。这是因为无烟煤的比表面积大,在相同喹啉浓度时,喹啉与煤表面接触的概率也大,使得其初始吸附速率较高。

颗粒内部扩散模型的相关系数 R^2 可以用于判断液膜扩散和颗粒内部扩散对吸附速率的影响。如果颗粒内部扩散模型中截距较大,说明内部扩散是吸附速率控制步骤中的一部分。从表 6-15 中可以看出,颗粒内部扩散模型的拟合截距值较小,且 Bangham 模型的 R^2 较低,说明颗粒内部扩散不是褐煤、焦煤和无烟煤吸附喹啉唯一的吸附传质速率控制步骤,应当是由液膜扩散和颗粒内部扩散共同控制。

6.2.2.2　吸附吡啶

褐煤、焦煤和无烟煤吸附吡啶的吸附动力学方程拟合结果如表 6-16 所列。

表 6-16 褐煤、焦煤和无烟煤吸附吡啶吸附动力学模拟值

煤样	准一级动力学速率模型			
	$Q_{eq(meas)}/(mg\cdot g^{-1})$	$Q_{eq(calc)}/(mg\cdot g^{-1})$	k_1/min^{-1}	R^2
褐煤	1.08	0.62	0.028 5	0.979 0
焦煤	1.05	0.79	0.035 8	0.973 9
无烟煤	1.22	1.12	0.073 6	0.995 6
煤样	准二级动力学速率模型			
	$Q_{eq(calc)}/(mg\cdot g^{-1})$	$k_2/(g\cdot mg^{-1}\cdot min^{-1})$	$h/(mg\cdot g^{-1}\cdot min^{-1})$	R^2
褐煤	1.15	0.086 1	0.114	0.999 3
焦煤	1.14	0.082 6	0.106	0.998 8
无烟煤	1.27	0.140 3	0.227	0.997 5
煤样	颗粒内部扩散模型			
	$k_3/(mg\cdot g^{-1}\cdot min^{-0.5})$		截距	R^2
褐煤	0.048 7		0.516 3	0.803 3
焦煤	0.050 0		0.481 7	0.811 0
无烟煤	0.046 2		0.728 5	0.488 5
煤样	Bangham 模型			
	k_4		γ	R^2
褐煤	0.007 2		0.232 9	0.907 2
焦煤	0.006 6		0.245 6	0.911 8
无烟煤	0.009 5		0.212 3	0.668 2

由表 6-16 可知，准一级动力学速率方程的相关性系数 R^2 值较低，且计算值 $Q_{eq(calc)}$ 远低于实验值 $Q_{eq(meas)}$，说明褐煤、焦煤和无烟煤吸附吡啶的过程不符合准一级动力学模型；准二级动力学速率方程的 R^2 较高，均大于 0.99，且计算值 $Q_{eq(calc)}$ 和实验值 $Q_{eq(meas)}$ 相近，说明吸附过程符合准二级动力学速率模型。

3 种煤吸附吡啶的准二级动力学速率模型中初始吸附速率 h 和吸附速率 k_2 的大小顺序均为无烟煤＞褐煤＞焦煤，说明无烟煤吸附速率大于褐煤和焦煤。这是因为无烟煤的比表面积大，在相同吡啶浓度时，吡啶与煤表面接触的概率也大，使得其吸附速率较高。

从表 6-16 中还可以看出颗粒内部扩散模型的拟合截距值较小，且 Bangham 模型的相关系数 R^2 值较低，说明颗粒内部扩散不是褐煤、焦煤和无烟煤吸附吡啶唯一的吸附速率控制步骤，应当是由液膜扩散和颗粒内部扩散共同控制的。

6.2.2.3　吸附吲哚

褐煤、焦煤和无烟煤吸附吲哚的吸附动力学方程拟合结果如表 6-17 所列。

表 6-17　褐煤、焦煤和无烟煤吸附吲哚的吸附动力学模拟值

煤样	准一级动力学速率模型			
	$Q_{eq(meas)}/(mg \cdot g^{-1})$	$Q_{eq(calc)}/(mg \cdot g^{-1})$	k_1/min^{-1}	R^2
褐煤	1.19	0.52	0.027 8	0.937 9
焦煤	1.18	0.70	0.034 7	0.869 7
无烟煤	1.23	0.43	0.042 4	0.926 9

煤样	准二级动力学速率模型			
	$Q_{eq(calc)}/(mg \cdot g^{-1})$	$k_2/(g \cdot mg^{-1} \cdot min^{-1})$	$h/(mg \cdot g^{-1} \cdot min^{-1})$	R^2
褐煤	1.25	0.111 0	0.173	0.999 8
焦煤	1.24	0.100 3	0.155	0.999 3
无烟煤	1.26	0.202 4	0.324	0.999 5

煤样	颗粒内部扩散模型		
	$k_3/(mg \cdot g^{-1} \cdot min^{-0.5})$	截距	R^2
褐煤	0.042 9	0.702 9	0.732 1
焦煤	0.045 7	0.659 9	0.739 5
无烟煤	0.034 0	0.8647 0	0.514 7

煤样	Bangham 模型		
	k_4	γ	R^2
褐煤	0.010 3	0.181 7	0.852 4
焦煤	0.009 4	0.198 8	0.851 2
无烟煤	0.013 2	0.141 7	0.695 6

由表 6-17 可见，准一级动力学速率方程的相关性系数 R^2 值较低，且计算值 $Q_{eq(calc)}$ 远低于实验值 $Q_{eq(meas)}$，说明褐煤、焦煤和无烟煤吸附吲哚的过程不符合准一级动力学速率方程；准二级动力学速率方程的相关性系数 R^2 值较高，均大于 0.999，且计算值 $Q_{eq(calc)}$ 和实验值 $Q_{eq(meas)}$ 相近，说明吸附过程符合准二级动力学速率模型。

3 种煤吸附吲哚的准二级动力学速率模型中初始吸附速率 h 和吸附速率 k_2 的大小顺序均为无烟煤＞褐煤＞焦煤，说明无烟煤的吸附速率大于褐煤和焦煤。这是因为吸附速率与吸附剂比表面积成正比，无烟煤的比表面积大，在相同吲哚

浓度时,吲哚与煤表面接触的概率也大,使得其吸附速率较高。

从表 6-17 中还可以看出颗粒内部扩散模型的拟合截距值较小,且 Bangham 模型的相关系数 R^2 值较低,说明颗粒内部扩散不是褐煤、焦煤和无烟煤吸附吲哚唯一的吸附传质速率控制步骤,应当是由液膜扩散和颗粒内部扩散共同控制。

6.2.2.4 吸附苯酚

褐煤、焦煤和无烟煤吸附苯酚的吸附动力学方程拟合结果如表 6-18 所示。

表 6-18 褐煤、焦煤和无烟煤吸附苯酚的吸附动力学模拟值

煤样	准一级动力学速率模型			
	$Q_{eq(meas)}$/(mg·g^{-1})	$Q_{eq(calc)}$/(mg·g^{-1})	k_1/min^{-1}	R^2
褐煤	0.78	1.24	0.050 3	0.853 8
焦煤	0.66	0.52	0.030 9	0.953 1
无烟煤	0.89	0.66	0.039 7	0.977 5

煤样	准二级动力学速率模型			
	$Q_{eq(calc)}$/(mg·g^{-1})	k_2/(g·mg^{-1}·min^{-1})	h/(mg·g^{-1}·min^{-1})	R^2
褐煤	0.89	0.070 2	0.055	0.995 4
焦煤	0.73	0.094 2	0.050	0.996 8
无烟煤	0.95	0.107 1	0.097	0.998 3

煤样	颗粒内部扩散模型		
	k_3/(mg·g^{-1}·min$^{-0.5}$)	截距	R^2
褐煤	0.048 2	0.229 8	0.826 9
焦煤	0.037 6	0.222 5	0.813 3
无烟煤	0.043 0	0.409 0	0.683 5

煤样	Bangham 模型		
	k_4	γ	R^2
褐煤	0.003 0	0.351 5	0.905 8
焦煤	0.002 9	0.318 3	0.900 7
无烟煤	0.005 0	0.273 6	0.798 4

由表 6-18 可见,准一级动力学速率方程的相关性系数 R^2 值较低,说明褐煤、焦煤和无烟煤吸附苯酚的过程不符合准一级动力学速率方程;准二级动力学速率方程的 R^2 较高,均大于 0.99,且计算值 $Q_{eq(calc)}$ 和实验值 $Q_{eq(meas)}$ 相近,说明吸附过程符合准二级动力学速率模型。3 种煤吸附苯酚的准二级动力学速率模

型中初始吸附速率 h 的大小顺序为无烟煤>褐煤>焦煤，吸附速率 k_2 的大小顺序为无烟煤>焦煤>褐煤，说明无烟煤的吸附速率最大。这是因为无烟煤比表面积大，在相同苯酚浓度时，苯酚与煤表面接触的概率也大，使得其吸附速率最高；其次苯酚具有弱酸性，而褐煤中含有的酸性官能团大于焦煤和无烟煤，酸性官能团不利于苯酚的吸附，使得褐煤虽然初始吸附速率大于焦煤但整体吸附速率小于焦煤。

从表 6-18 中还可以看出颗粒内部扩散模型的拟合截距值较小，且 Bangham 模型的相关系数 R^2 值较低，说明颗粒内部扩散不是褐煤、焦煤和无烟煤吸附苯酚的唯一的吸附传质速率控制步骤，应当是由液膜扩散和颗粒内部扩散共同控制。

6.2.3 吸附活化能的计算

以焦煤吸附模拟焦化废水中的喹啉为研究对象，计算其吸附活化能。根据 6.2.2 的结果，焦煤吸附喹啉的过程符合准二级动力学速率模型，其 k_2 值即吸附速率常数。在吸附过程中吸附质分子要附着在吸附剂的表面需要克服表面能垒，这与活化络合物的生产理论相似。借用绝对反应速率理论中的 Arrhenius 方程来计算吸附活化能[176-177]，假设忽略吸附过程中温度变化对焓变和熵变的影响，将吸附速率常数 k_2 代入 Arrhenius 方程[178]中，得到：

$$k_2 = k_d \exp\left(-\frac{E_a}{RT}\right) \tag{6-38}$$

式中，k_2 为二级吸附速率常数，$g \cdot mg^{-1} \cdot min^{-1}$；$k_d$ 为频率因子；E_a 为活化能，$kJ \cdot mol^{-1}$；R 为理想气体常数，8.314 $J \cdot K^{-1} \cdot mol^{-1}$；$T$ 为温度，K。

对式(6-38)两边取对数可得：

$$\ln k_2 = \ln k_d - \frac{E_a}{RT} \tag{6-39}$$

对 $10^3/T$ 与 $\ln k_2$ 的关系进行线性回归，得到一条如图 6-9 所示的直线。直线方程为 $\ln k_2 = -\frac{662.2}{T} - 0.2538$($R^2 = 0.9818$)，由斜率可以求得吸附反应的活化能 $E_a = 5.51\ kJ \cdot mol^{-1}$。一般来讲，物理吸附的活化能 E_a 值一般在 5～40 $kJ \cdot mol^{-1}$[179]，而化学吸附所需的活化能 E_a 一般大于 83.72 $kJ \cdot mol^{-1}$[180]。由此可见，焦煤吸附焦化废水中喹啉属于物理吸附，且吸附活化能较小，吸附较易进行。

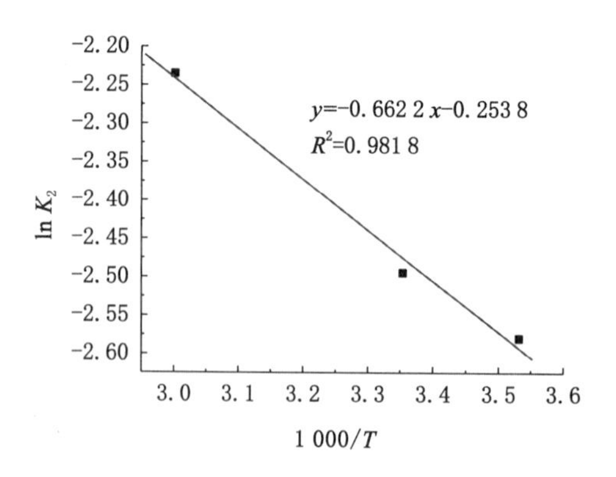

图 6-9 吸附活化能曲线

6.3 本章小结

本章主要考察了褐煤、焦煤和无烟煤吸附大分子有机物(喹啉、吡啶、吲哚和苯酚)的热力学和动力学特性,采用 Langmuir 等温吸附方程、Freundlich 等温吸附方程、Temkin 等温吸附方程、R-P 等温吸附模型和 D-R 等温吸附模型这 5 种等温吸附式对 3 种煤的等温吸附线做了拟合,使用归一化误差和分析方法进行了误差分析,并计算了相关的热力学函数 $\Delta G^{\ominus}$、$\Delta H^{\ominus}$ 和 $\Delta S^{\ominus}$;分别用准一级动力学速率模型、准二级动力学速率模型、颗粒内部扩散模型和 Bangham 模型 4 种吸附动力模型对 3 种煤的吸附动力学曲线作了拟合,并计算了焦煤吸附喹啉的吸附活化能。具体研究结论如下:

(1) 5 种等温吸附式中,Freundlich 方程和 R-P 模型可以更好地拟合褐煤、焦煤和无烟煤对溶液中有机物的吸附行为。

(2) 3 种煤吸附喹啉和吡啶的 Freundlich 方程拟合参数 $1/n$ 的值都介于 0.5~0.6,吸附吲哚和苯酚的 $1/n$ 的值都介于 0.7~0.9,说明吸附属于较易吸附。

(3) $\Delta G^{\ominus}<0$,说明焦煤吸附喹啉是一个自发的过程;$\Delta H^{\ominus}=-21.27\ \mathrm{kJ \cdot mol^{-1}}$,放热量在 20.00 $\mathrm{kJ \cdot mol^{-1}}$左右,说明吸附过程为放热反应,且主要为物理吸附,低温有利于吸附进行;$\Delta S^{\ominus}=-66.48\ \mathrm{kJ \cdot mol^{-1}}<0$,表明分子被吸附到煤表面上以后运动受到限制,使吸附熵减小。

(4) 3 种煤吸附溶液中有机物的吸附动力学曲线符合准二级动力学速率模型,吸附速率由颗粒内扩散和膜扩散共同控制。因此,可以通过提高颗粒内部扩散速率和膜扩散速率，来提高总吸附传质速率。

(5) 3 种煤吸附喹啉、吡啶和吲哚速率的大小顺序为无烟煤>褐煤>焦煤，与 3 种煤的比表面积大小顺序一致；3 种煤吸附苯酚速率的大小顺序为无烟煤>焦煤>褐煤，分析是因为苯酚具有弱酸性，褐煤中含有的酸性官能团含量大于焦煤和无烟煤，酸性官能团不利于苯酚的吸附，从而使得褐煤吸附速率小于焦煤。

(6) 计算得到的焦煤吸附喹啉的吸附活化能 $E_a = 5.51\ kJ \cdot mol^{-1}$，表明其吸附过程属于物理吸附，且吸附活化能较小，吸附较易进行。

7 煤的动态吸附性能实验研究

在工业废水处理中，固定床为常用的吸附装置之一。固定床其实就是柱体内部充填满吸附剂的吸附柱，当废水流过吸附柱，废水中的物质会被吸附剂吸附。根据废水给入吸附柱的位置不同，可以将固定床分为上升流式和下降流式两种。废水从吸附柱的上端给入，吸附后的水从吸附柱的下端流出，这种被称为降流式固定床，特点为具有较好的吸附效果但水头损失较大；废水从吸附柱的下端给入，吸附后的水从吸附柱的上端流出，这种则被称为升流式固定床，特点为水头损失小但吸附时间长。根据处理量的需要以及吸附柱的数量，固定床还可以分为单吸附柱系统和多吸附柱系统，处理量较小时一般采用单吸附柱系统，其他情况下采用多吸附柱系统，其连接方式分并联和串联两种。吸附柱中吸附剂的动态吸附过程与固定床的吸附处理效果密切相关。

吸附技术的发展及应用都十分迅速，近几年出现了不同材料的吸附剂，且不同吸附材料的吸附理论也不相同，目前新吸附材料的吸附理论研究跟不上应用的新要求。为了解煤粉吸附剂在动态吸附应用过程的效果，本章通过动态吸附实验研究了焦煤、褐煤和无烟煤对喹啉、吡啶、吲哚和苯酚吸附穿透曲线的特性，然后利用焦煤和喹啉模拟焦化废水考察了废水给入速度、有机物浓度和吸附剂数量对吸附有机物效果的影响。

7.1 实验方法及装置

分别用喹啉、吡啶、吲哚和苯酚复配焦化废水，其浓度为50～150 mg·L^{-1}。吸附剂为煤粉，种类有焦煤、褐煤和无烟煤，粒度为－0.074 mm。吸附柱柱高300 mm、柱径20 mm，材质为有机玻璃。将煤粉填入吸附柱中，吸附柱的两端分别填充一段400目纱网，防止煤粉漏出，中间也填充有纱网，防止煤粉由于重力作用向下运动聚集。吸附温度控制在25 ℃。复配的焦化废水由可调节和测量流速的剂量蠕动泵打入吸附柱，出口连接三通和阀门来进行取样。有机物浓度采用紫外分光光度计法测量，测量设备为UV-4802S紫外-可见分光光度计。实验装置和工艺流程分别如图7-1和图7-2所示。

图 7-1 实验装置

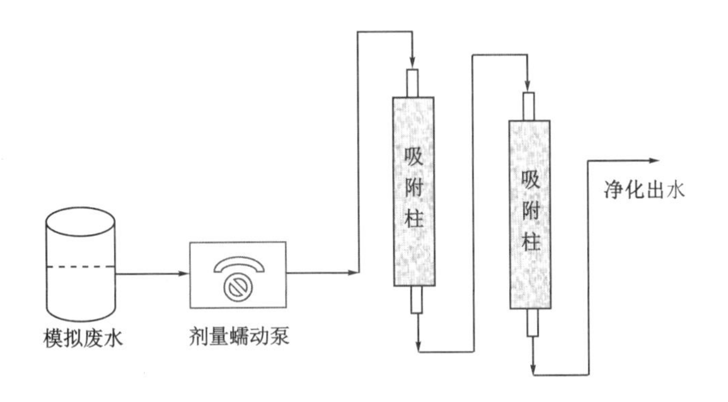

图 7-2 实验工艺流程

7.2 穿透曲线

7.2.1 穿透曲线的概念

吸附柱的净化出水中,吸附质浓度随吸附时间的变化曲线被定义为穿透曲线。在动态吸附研究过程中,穿透曲线是研究的重点之一,它可以为吸附柱的设计、吸附工艺条件的确定提供理论和数据支持。从穿透曲线中可以得到吸附柱的负荷分布情况、穿透时间点以及饱和吸附时间点。

吸附柱内吸附质组分的浓度变化可用图 7-3 中所示曲线来表示:随着时间的延续,浓度按(1)(2)(3)的次序变化,在达到(3)的位置时,吸附柱净化出水中开始出现吸附质组分,这时候为穿透。从吸附柱开始吸附到穿透所需的时间,被定义为穿透时间。图 7-3(a)所示类型的穿透曲线,能用于直线平衡系统;图 7-3(b)

所示类型的穿透曲线,代表曲线平衡体系(如 Langmuir 类型)。

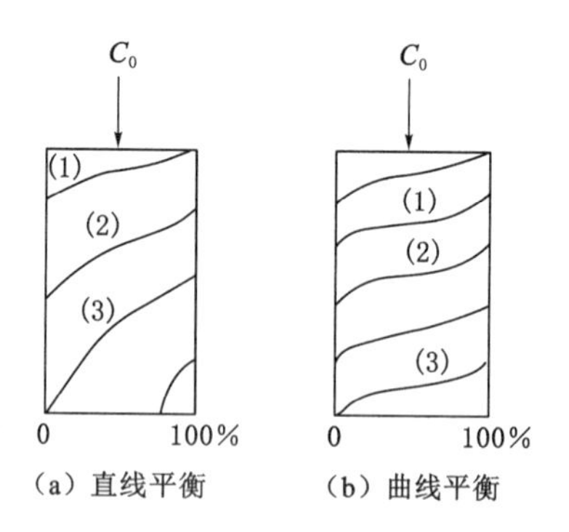

图 7-3 穿透曲线变化类型

吸附柱的吸附行为可表示为吸附质在吸附剂表面的吸附量和吸附饱和度的方程。用蠕动泵将有机物浓度为 C_0 的模拟焦化废水从吸附柱的上方打入柱体中,有机物组分从吸附柱的上方开始逐渐吸附在吸附剂上,从而在吸附柱上形成一个浓度梯度。当吸附体系达到稳定时,吸附分离过程比较平缓,吸附质的浓度梯度分布保持稳定,这段区域被称为吸附区。吸附区以一定的速度在吸附柱内移动,前面是已经完成了吸附(达到饱和吸附)的部分,后面是还没有进行吸附的部分。吸附柱吸附结构和浓度-速率的关系如图 7-4 所示。在动态吸附实验中,每隔一段固定时间,测定一次净化出水中吸附质的浓度,然后绘制浓度和时间的关系曲线,就可获得穿透曲线,其特征如图 7-5 所示。

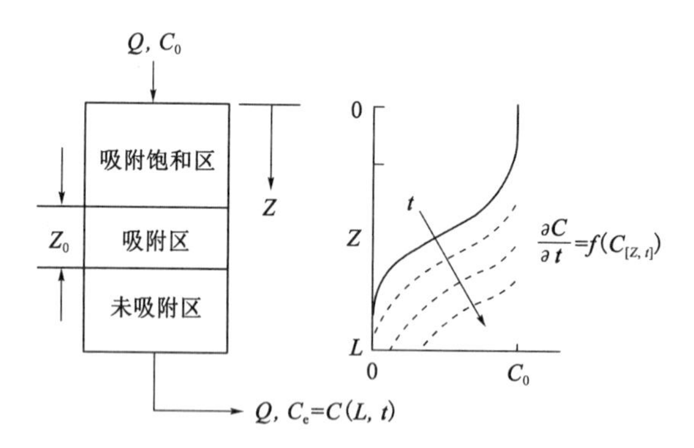

图 7-4 吸附柱的吸附结构及浓度-吸附速率关系

由图 7-5 可见,随着净化出水体积或时间的增大,吸附柱中吸附剂吸附饱和的面积 S 不断增大、未吸附饱和的面积 A 不断缩小,出口处净化出水的吸附质

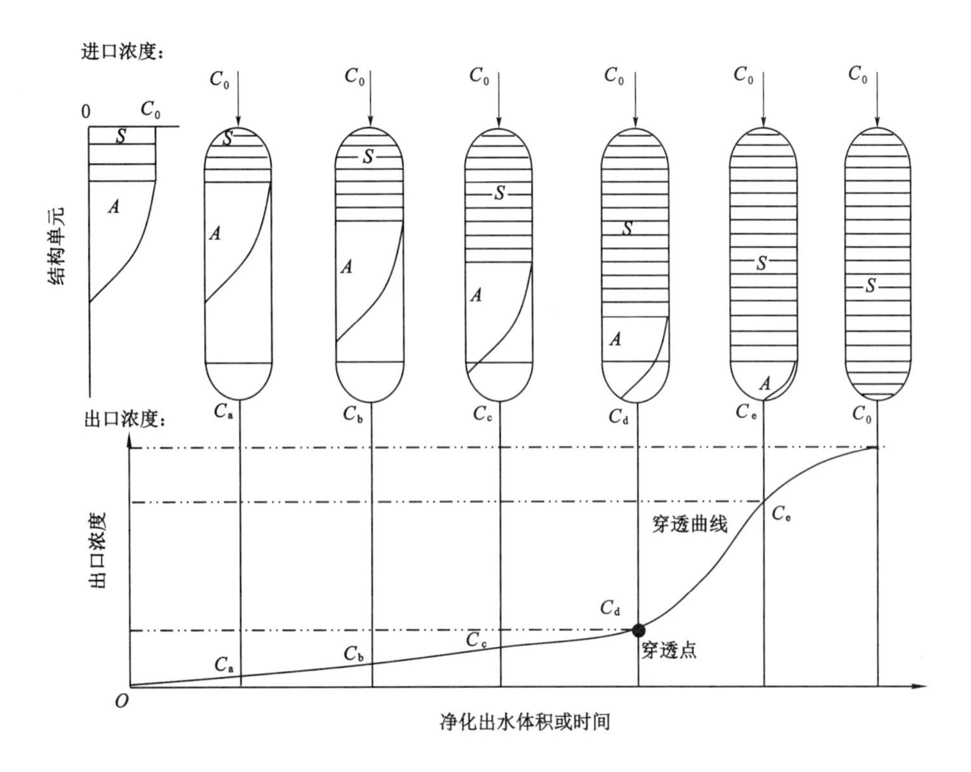

图 7-5　吸附柱结构单元、吸附状态和穿透曲线示意图

浓度从 0 逐渐增大到 C_0。净化出水中吸附质浓度迅速上升的转折点 C_d 就是穿透点。

人们通常用穿透曲线来评价吸附柱的吸附性能，且该曲线在吸附柱工艺系统的设计和设备放大过程中都起到关键的作用。

7.2.2　穿透曲线实验

实验条件：喹啉、吡啶、吲哚和喹啉 4 种复配焦化废水，浓度都是 25 mg·L^{-1}，废水给入吸附柱的速度为 20 mL·min^{-1}，吸附柱 2 个，吸附剂为褐煤、焦煤和无烟煤。3 种煤对 4 种有机物的吸附穿透曲线实验结果分别如图 7-6～图 7-9 所示。

从图 7-6～图 7-9 可以看出：4 种有机物不同煤吸附下的穿透曲线形状十分相似。出水中有机物浓度在 0～50 min 内增加缓慢，50 min 后增加迅速，200 min 左右后增速又趋于平缓。穿透曲线斜率越大(曲线越陡)，表明吸附速率越快，吸附柱传质区长度越短，其中无烟煤的曲线斜率＞褐煤的曲线斜率＞焦煤的曲线斜率，表明吸附传质区大小关系为无烟煤＜褐煤＜焦煤，这与吸附剂的比表面积

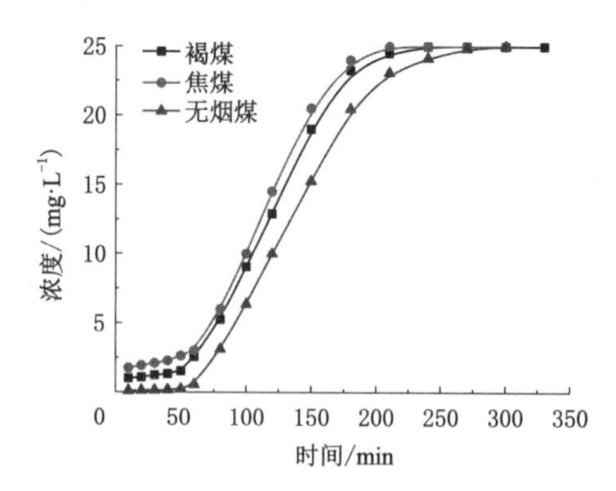

图 7-6 3 种煤吸附喹啉的穿透曲线

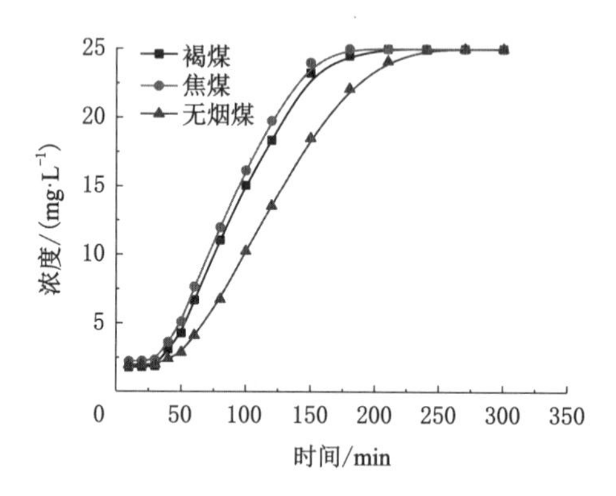

图 7-7 3 种煤吸附吡啶的穿透曲线

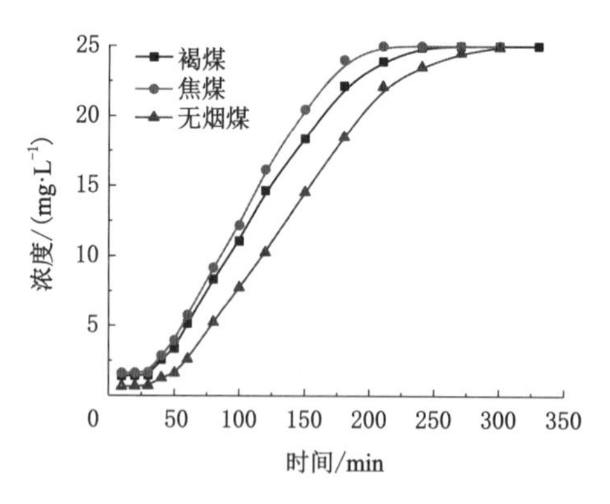

图 7-8 3 种煤吸附吲哚的穿透曲线

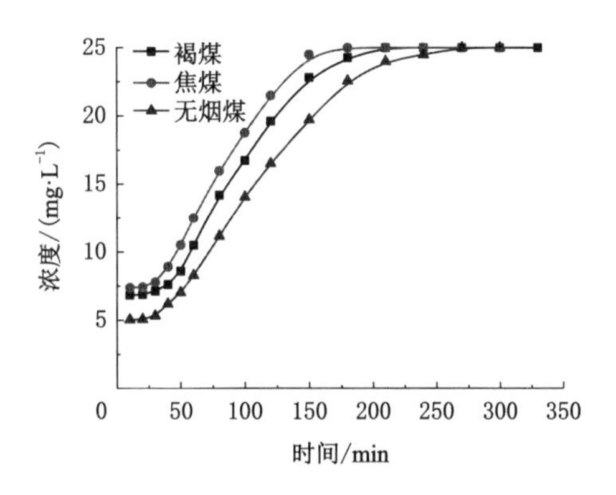

图 7-9 3 种煤吸附苯酚的穿透曲线

大小具有一定的相关性。4 种有机物在 3 种煤上的穿透先后顺序都是喹啉＞吲哚＞吡啶＞苯酚，这与第 5 章中静态吸附实验结果相一致，也与有机物分子大小的顺序一致，分析认为原因是煤粉的孔隙主要为中孔或介孔，对大分子有机物的吸附效果较好。

7.3 吸附性能实验

7.3.1 废水给入速度与去除率关系

实验条件：复配焦化废水中喹啉浓度为 25 mg・L^{-1}，废水给入吸附柱的速度分别为 10 mL・min^{-1}、20 mL・min^{-1}和 30 mL・min^{-1}，2 个吸附柱，吸附剂为焦煤。实验结果如图 7-10 所示。

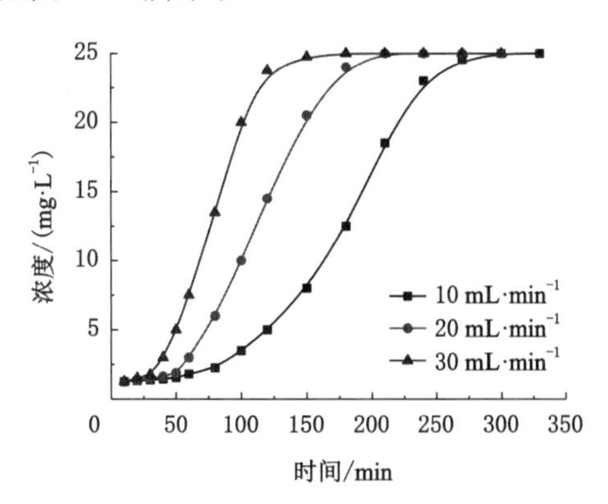

图 7-10 废水给入速度对穿透曲线的影响

从图 7-10 中可以看出，随着给入速度的提高，穿透时间不断提前。这是因为流速增加，相同时间内吸附柱中流过的溶液体积增加，有机物总量增加，吸附柱中煤粉达到吸附饱和的时间缩短，从而使穿透时间缩短。

7.3.2 吸附质浓度与去除率关系

实验条件：复配焦化废水中喹啉的浓度分别为 30.0 mg·L^{-1}、50.0 mg·L^{-1} 和 80.0 mg·L^{-1}，废水给入吸附柱的速度为 20 mL·min^{-1}，2 个吸附柱，吸附剂为焦煤。实验结果分别如图 7-11 和图 7-12 所示。

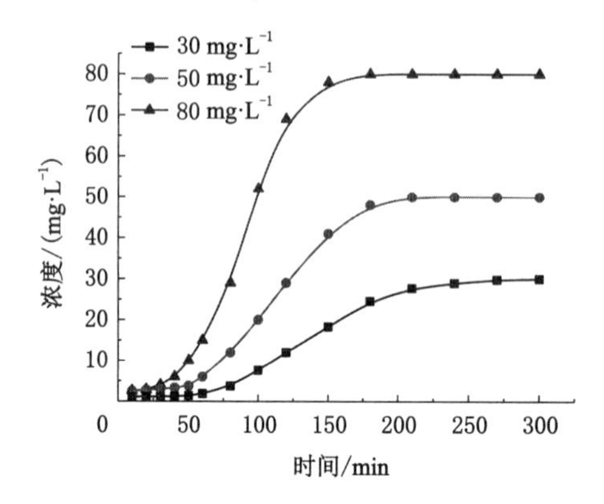

图 7-11 初始吸附质浓度对穿透曲线的影响

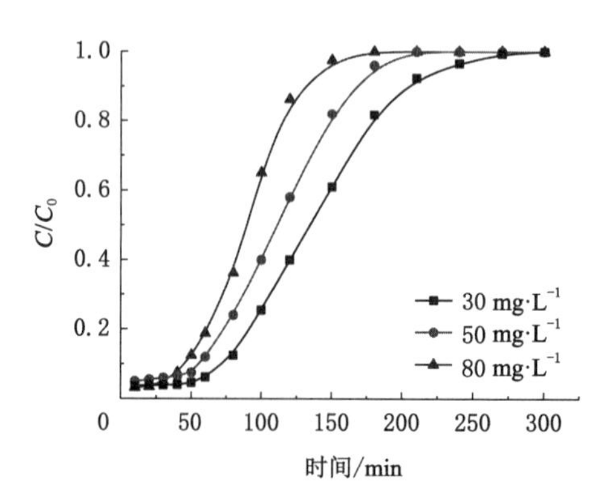

图 7-12 C/C_0 与穿透时间之间的关系图

从图 7-11 和图 7-12 中可以看出，随着喹啉浓度的提高，穿透时间不断缩短。这是因为流速不变，在相同时间内吸附柱流过的溶液体积不变，当吸附质浓度提高，一方面溶液中吸附质的总量增加，另一方面浓度差变大使吸附速率提高，使得吸附柱中煤粉达到吸附饱和的时间缩短，从而使得穿透时间缩短。

7.3.3 吸附剂数量与去除率关系

实验条件：复配焦化废水的喹啉浓度为 50 mg·L^{-1}，给入吸附柱的速度为 20 mL·min^{-1}，吸附柱的个数为 1 个和 2 个，吸附剂为焦煤。实验结果如图 7-13 所示。

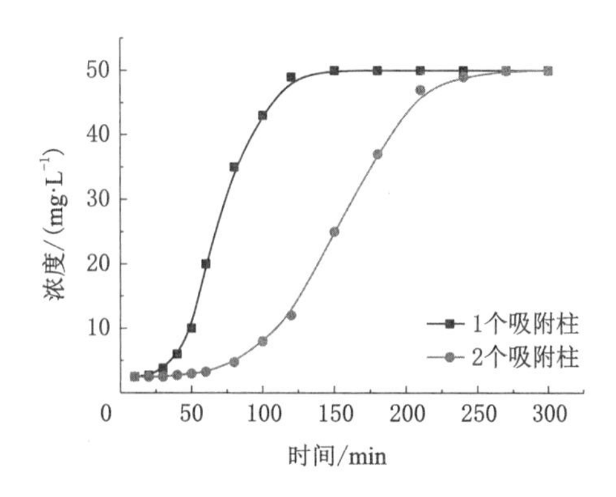

图 7-13 吸附柱个数对穿透曲线的影响

从图 7-13 可以看出，随着吸附柱个数从 1 增加到 2，穿透时间从 130 min 左右延迟到 270 min 左右。这样因为吸附柱增加，使得吸附质增加，即可吸附容量增加了，从而穿透时间延长。

7.4 本章小结

本章主要考察了褐煤、焦煤和无烟煤吸附大分子有机物（喹啉、吡啶、吲哚和苯酚）的动态吸附性能。得到的主要结论如下：

（1）在相同实验条件下，3 种煤对喹啉、吲哚、吡啶和苯酚的穿透曲线形状十分相似。穿透曲线中，无烟煤的曲线斜率＞褐煤的曲线斜率＞焦煤的曲线斜率，说明 3 种煤吸附有机物速率的大小顺序为无烟煤＞褐煤＞焦煤，这与吸附剂的比表面积大小具有一定的相关性。4 种有机物在 3 种煤上的穿透先后顺序都是喹啉＞吲哚＞吡啶＞苯酚，这与第 5 章中静态吸附实验结果相一致，也与有机物分子大小的顺序一致。

（2）穿透曲线的斜率及形状受吸附操作条件的影响，如废水给入速度、吸附质初始浓度、吸附剂数量等。单因素实验结果表明，较慢的给入速度、较低的初始浓度和较多的吸附剂会使穿透时间变长。

8 煤吸附机理及特性研究

吸附实验结果表明，煤对水中大分子有机物具有较好的吸附效果，可以用于去除废水中的大分子有机物。为了对煤吸附过程及机理有更进一步的了解，本章结合前面的实验结果，利用 FTIR、SEM、XPS 和 Zetasizer 等设备和手段，对煤吸附净化机理及特性进行研究分析。

8.1 煤吸附有机物的特性分析

吸附剂的吸附能力主要来源其表面较大的色散力作用、含氧官能团的作用和微孔的作用。本节首先利用 FTIR、SEM、XPS 等方法对煤样吸附前后的特性进行研究分析，再利用 Zetasizer 对煤样的表面电性进行测试分析。

8.1.1 FTIR 分析

(1) 焦煤吸附苯酚、喹啉、吲哚、吡啶、混合样及空白样的红外吸收光谱谱图对比如图 8-1 所示。

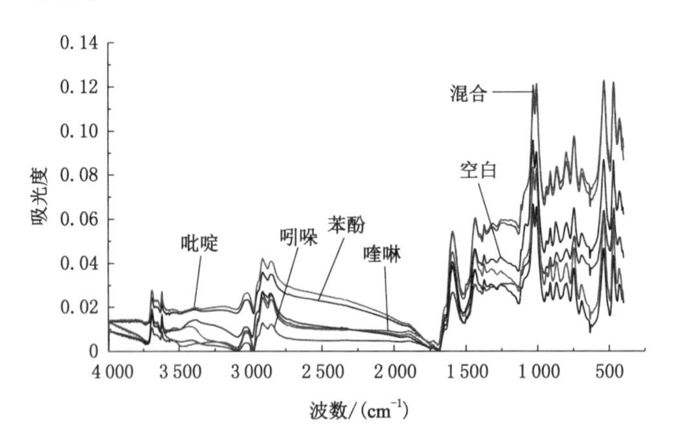

图 8-1 焦煤吸附苯酚、喹啉、吲哚、吡啶、混合样及空白样的红外吸收光谱谱图

由图 8-1 可以看出，焦煤吸附有机物前后的变化，主要体现为在某些特征吸收带位移或强度的改变，但几乎没有产生新的特征谱带，说明吸附过程以物理吸附为主。

(2) 不同 pH 值条件下焦煤吸附喹啉后的红外吸收光谱图如图 8-2 所示。

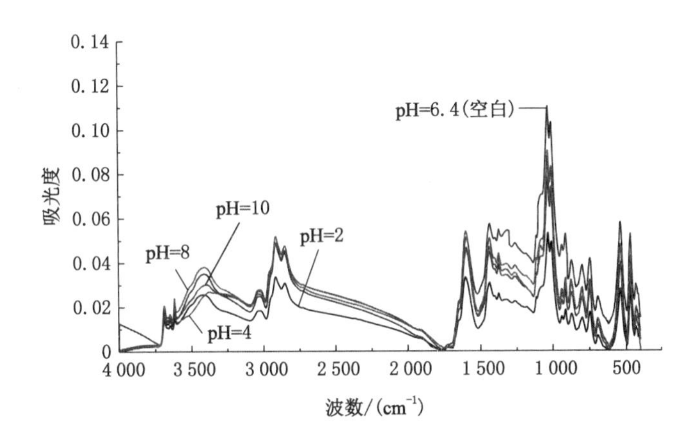

图 8-2　不同 pH 值条件下焦煤吸附喹啉后的红外吸收光谱图

根据化学结构或官能团吸收峰的不同，可以将煤样的红外光谱图划分为以下 4 个部分：3 600～3 000 cm^{-1} 处主要为煤中的羟基吸收峰，3 000～2 700 cm^{-1} 处为煤中的脂肪烃的吸收峰，1 800～1 000 cm^{-1} 处为煤中含氧官能团吸收峰，而 900～700 cm^{-1} 处为煤中芳香烃的吸收峰谱带[181]。由图 8-2 可以看出，吸附后焦煤吸收峰的位置与吸附前的基本相同，但是吸收峰的强度有变化，特别是在含氧官能团吸收峰区域，各吸收峰减弱程度最大，以 pH＝2 时吸收峰减弱幅度较大。这说明吸附过程中以物理吸附为主。

8.1.2　SEM 分析

图 8-3～图 8-5 是焦煤、褐煤和无烟煤吸附混合有机物后样品的扫描电镜谱图。

将图 8-3～图 8-5 与第 3 章中图 3-7～图 3-9 进行比较可发现：未吸附的煤样表面比较粗糙和不平整，这样的结构有利于有机物在矿物表面的吸附；而吸附后的煤样表面比较光滑和平整，且部分孔结构消失，有可能是因为表面覆盖了大分子有机物[78,182]。

8.1.3　能谱分析

采用 X 射线电子能谱法得到褐煤、焦煤和无烟煤吸附混合有机物废水前后的能谱，如图 8-6 所示，元素含量结果如表 8-1 所列。

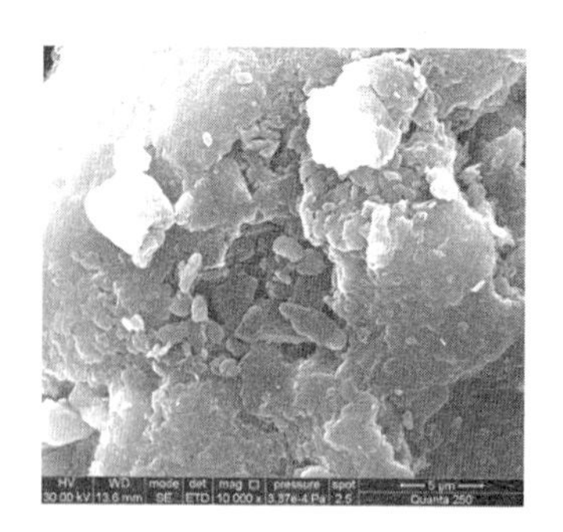

图 8-3　吸附后褐煤的 SEM 图

图 8-4　吸附后焦煤的 SEM 图

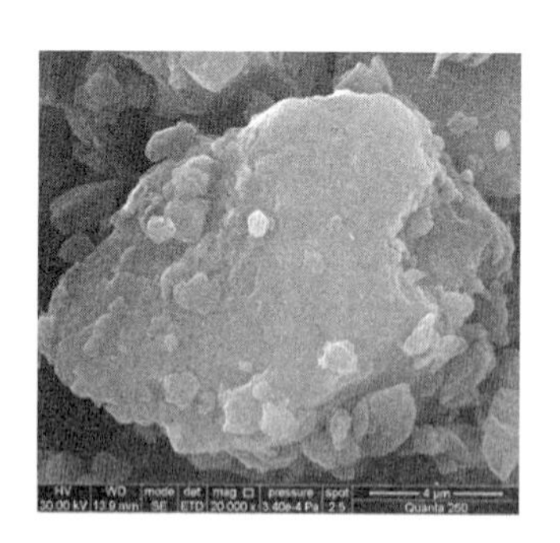

图 8-5　吸附后无烟煤的 SEM 图

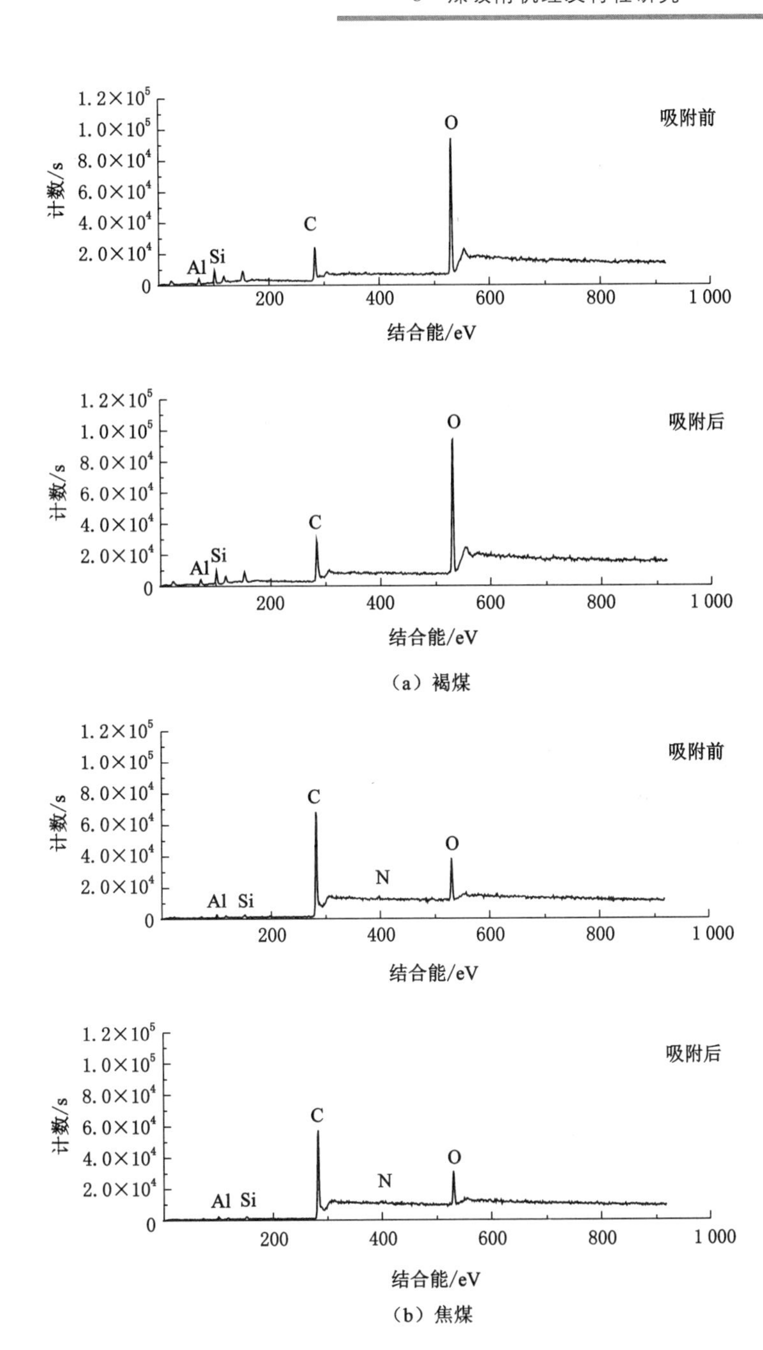

图 8-6 褐煤、焦煤和无烟煤吸附混合有机物废水的前后能谱

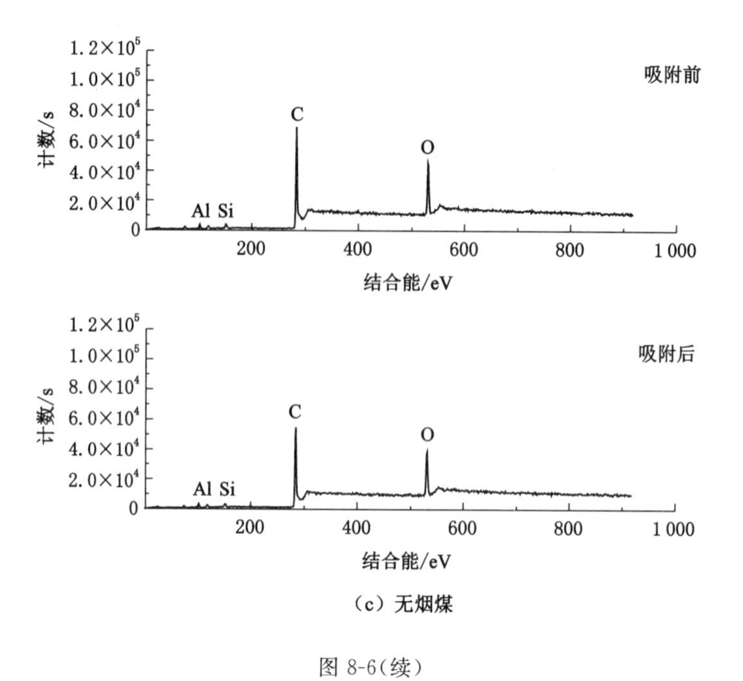

(c) 无烟煤

图 8-6(续)

表 8-1 褐煤、焦煤和无烟煤吸附混合有机废水前后元素含量对比表

项目		元素含量/%				
		C	O	Si	Al	N
褐煤	吸附前	31.00	46.35	12.61	8.95	—
	吸附后	36.45	43.16.	12.14	8.25	—
焦煤	吸附前	78.75	13.12	2.83	2.42	2.24
	吸附后	78.39	12.29	3.73	2.70	2.89
无烟煤	吸附前	71.69	18.81	5.35	4.73	—
	吸附后	73.90	17.03	4.35	4.16	—

从图 8-6 中可以看出,褐煤、焦煤和无烟煤吸附前后的能谱变化幅度不大,仅在强度上稍有差别。从表 8-1 中可以看出,褐煤、焦煤和无烟煤吸附前后主要元素含量变化幅度较小。由于煤样表面吸附的有机物主要是由 C 和 H 元素组成,使得 3 种煤吸附后 C 元素含量都有小幅增加,而 O 元素含量相对有小幅下降。吸附后 Si 和 Al 元素含量也有小幅减少,这是因为有部分 Si 和 Al 离子溶出到溶液中所造成[183,117]。

8.1.4　零电点(PZC)与等电点(IEP)

(1) 零电点(PZC)

零电点(简称 PZC):用定位离子的活度来决定矿物表面的电位,当矿物表面的正电荷数与负电荷数恰好相等,即表面净电荷数为零,此时溶液中定位离子的负对数值称为该矿物的零电点。通常情况下采用 H^+ 作为定位离子,此时矿物的零电点便为溶液的 pH 值。零电点可以通过电位滴定法或者测定定位离子在矿物表面的吸附量来计算得到[184]。

Parks 等[185]首先采用电位滴定法进行测定,之后 Mular 和 Roberts 在电位滴定法研究的基础上,找到了一个更方便的方法来测定氧化矿的零电点[186],本书采用后者进行煤样零电点的测定。

测定步骤[187]:

① 取 9 个 50 mL 的烧杯,标号 1～9 号,然后分别将 0.5 g 煤样加入 9 个烧杯中,向每个烧杯中加入等量的 25 mL 的 0.01 mol·L^{-1}的 NaCl 溶液。

② 用密封纸将烧杯口密封,混匀后再向各烧杯中加入不等量的 NaOH 或 HCl 溶液,使各烧杯中溶液具有不同的 pH 值,混匀等待一段时间后,用 pH 计测定和记录各烧杯中溶液的 pH 值,记为 pH_1。

③ 再向各烧杯中加入 0.131 6 g 的 NaCl 固体,将烧杯中电解质 NaCl 的浓度提高到 0.1 mol·L^{-1},并用玻璃棒搅拌混匀至电解质全部溶解。等待一段时间后,用 pH 计测定和记录各烧杯中溶液的 pH 值,记为 pH_2。

④ 将前后两次的 pH 值之差记为 ΔpH,对 ΔpH-pH_2 关系进行作图,得到 ΔpH=0 时的 pH_2 值,该值即为零电点 pH_{PZC}。

褐煤、焦煤和无烟煤吸附体系的 ΔpH-pH_2 关系图如图 8-7 所示。

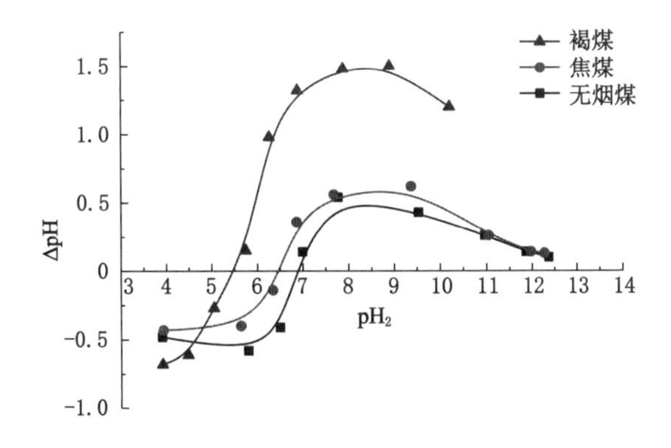

图 8-7　褐煤、焦煤和无烟煤吸附体系 ΔpH-pH_2 关系图

由图 8-7 可以看出，3 种煤 pH_{PZC} 的大小顺序为无烟煤＞焦煤＞褐煤，分别为 6.90、6.50 和 5.50。这表明煤炭表面呈电负性，pH_{PZC} 值随着煤变质程度的提高而提高。这是由于煤炭表面含有酸性含氧官能团，比如羟基、羧基和羰基等，含有的酸性含氧官能团越多，煤炭表面的电负性越强，即 pH_{PZC} 值越小，这与第 3 章中煤样表面含氧官能团的分析结果一致。

(2) 等电点(IEP)

动电位(ξ)是指当矿物-溶液在外力下做相对运动时，其滑移面与溶液之间的电位差，也称“电动电位”“ξ 电位”“zeta 电位”。当 ξ 电位等于零时，溶液中电解质活度的负对数值定义为等电点(简称 IEP)。通常情况下采用 H^+ 作为定位离子，测定不同 pH 值下溶液的电动电位来确定等电点。

ξ 电位数值的正负和大小决定于固体表面属性、介质属性、固液界面的 Stern 层和溶剂化层中离子的性质与浓度，对于煤可以反映其表面性质的差异[188-189]。煤表面和周围介质形成双电层所产生的 ξ 电位不仅与介质的表面电性相关，还与煤表面的官能团特性相关，是煤表面微观性质的宏观表现[190-191]。本书 ξ 电位采用 Malvern 公司生产的 Zetersizer Nano 电位仪进行测定。

Zetersizer Nano 电位仪根据激光多普勒法测定体系悬浊粒子的电泳淌度，然后根据计算 ξ 电位的基本表达式 Helmholz-Smoluchowski 方程[192]将之转换为 ξ 电位值(V)：

$$U = \frac{\varepsilon_1 \xi}{4\pi\eta} \tag{8-1}$$

式中，η 为介质的黏度，$Pa \cdot s$；ε_1 为介质的介电常数，$F \cdot m^{-1}$；U 为电泳淌度，$m^2 \cdot s^{-1} \cdot V^{-1}$。

对于水体系，电位仪要求其 pH 值控制在大约 2～12。因此，在进行 pH 值条件测试的时候，pH 值的考察范围为 2～12。

褐煤、焦煤和无烟煤吸附体系的 pH 值和 ξ 电位的关系如图 8-8 所示。

从图 8-8 中可以看出，3 种煤等电点 pH_{IEP} 的大小顺序为无烟煤＞焦煤＞褐煤，分别为 4.70、3.95 和 3.00。这表明变质程度越低的煤，需要更多的 H^+ 才能中和其表面的负电荷，使得移动剪切面的电位为零。即随着煤变质程度的降低，煤样中含有的带负电的酸性官能团增多，这与第 3 章中的研究结果以及文献[193]结论相一致。所以，3 种煤中，褐煤的 pH_{IEP} 值最低。在相同 pH 值下，3 种煤的负电性强弱顺序为褐煤＞焦煤＞无烟煤。

随着 pH 值的增大，ξ 电位逐渐减小，且由正值变为负值。在 pH 值大于等电点时，ξ 电位全为负值，说明煤样表面所带电荷为负电荷，溶液中 Stern 层配衡离子为正电荷离子。随着溶液中 H^+ 浓度的减小，煤样表面 Stern 层和扩散层中

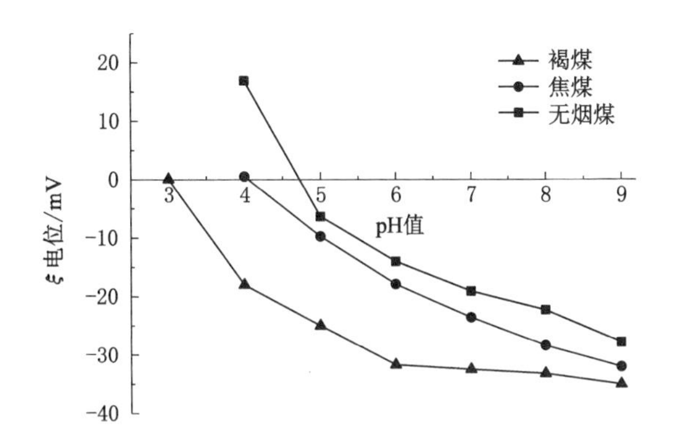

图 8-8 褐煤、焦煤和无烟煤吸附体系 pH-ξ 电位关系图

的 H^+ 浓度也逐渐减小,双电层逐渐变厚,使得 ξ 电位逐渐减小且绝对值变大。pH 值的提高使得溶液中 H^+ 浓度减小,使得煤样表面负电性不断增大。但是第 3 章的实验结果表明,煤样的比表面积随着 pH 值的增大而降低,因此在吸附带正电的分子时候,溶液的最佳 pH 值应该处于煤样的 pH_{IEP} 值和 7 之间,而吸附带负电的分子时候,溶液 pH 值应该小于煤样的 pH_{IEP} 值。

(3) 零电点(PZC)和等电点(IEP)的比较分析

褐煤、焦煤和无烟煤零电点和等电点的对比如表 8-2 所列。

表 8-2 褐煤、焦煤和无烟煤的零电点和等电点对比表

名称	pH_{PZC}	pH_{IEP}	$pH_{PZC}-pH_{IEP}$
褐煤	5.50	3.00	2.50
焦煤	6.50	3.95	2.55
无烟煤	6.90	4.70	2.20

只有在没有特殊吸附的情况下零电点才会等于等电点。由于煤炭表面含有比较复杂的官能团,导致溶液中煤炭表面不可避免存在一定的物理吸附或者化学吸附,使得煤样的零电点和等电点数值不同。

对于孔类吸附剂,可以通过零电点和等电点数值不同来推断其表面电荷的分布情况。根据电化学方法在活性炭表征中的应用得知[194],等电点代表溶液中固体外表面电荷数量,而零电点代表溶液中固体表面总电荷数量(包括外表面电荷和内表面电荷)。$pH_{PZC}-pH_{IEP}$ 的值如果大于零,代表着吸附剂外表面的负电荷数量多于内表面,如果接近零则代表着吸附剂表面的电荷分布比较均匀。由表 8-2 可知,褐煤、焦煤和无烟煤 $pH_{PZC}-pH_{IEP}$ 的值分别为 2.50、2.55 和

2.20,说明煤样外表面的负电荷数量是多于其内表面的。

8.2 煤吸附有机物的净化机理

分子在吸附剂表面的作用力是物理性的(比如范德瓦尔斯力、氢键作用力等)时,则为物理吸附。由于物理吸附的吸附热较小、吸附速度快、无选择性、吸附可以多层等特点,推测物理吸附的作用力主要为范德瓦尔斯力,因为只有这种作用力才会存在于各种原子和分子之间。范德瓦尔斯力无方向性和饱和性,包括原子和分子间的色散力、诱导力和静电力 3 种,在非极性和极性不大的分子之间主要是色散力。

如果分子在吸附剂表面有电子的交换、转移或共有(形成共价键),就形成化学吸附。

物理吸附和化学吸附的本质区别在于吸附力的性质不同,使得它们在吸附热、吸附速度、吸附层数、吸附的可逆性和选择性等方面产生显著的差异。

根据第 3 章对原煤的 XRF 分析,可知煤样表面都含有含氧官能团和钙、硅、铁、镁等氧化物。这些含氧官能团和氧化物在与水接触时会使得煤样表面的电荷发生变化。用 M 表示硅、钙、铁或镁等,由于溶液 pH 值的不同,会存在以下反应:

$$H_2O \rightleftharpoons H^+ + OH^- \tag{8-2}$$

$$M + OH^- \rightleftharpoons MOH \tag{8-3}$$

$$M—OH + H^+ \rightleftharpoons M—OH_2^+ \tag{8-4}$$

$$MOH + OH^- \rightleftharpoons M-O^- + H_2O \tag{8-5}$$

用 Co 表示煤样。煤样表面含有含氧官能团,如羟基和羧基,会存在以下反应:

$$Co—OH \rightleftharpoons Co—O^- + H^+ \tag{8-6}$$

用 Or 来表示大分子有机物。喹啉、吲哚和吡啶等有机物在煤样表面的吸附可以用以下反应式来解释[195-196]:

$$Or + H^+ \rightleftharpoons OrH^+ \tag{8-7}$$

$$Or + Co \rightleftharpoons Or—Co \tag{8-8}$$

$$OrH^+ + Co—O^- \rightleftharpoons OrH^+—Co—O^- \tag{8-9}$$

$$OrH^+ + M^+—Co \rightleftharpoons OrH^+—Co + M^+ \tag{8-10}$$

$$H^+ + OrH^+—Co \rightleftharpoons H^+—Co + OrH^+ \tag{8-11}$$

$$H^+ + Co \rightleftharpoons H^+—Co \tag{8-12}$$

$$Or—H^+ + Co \rightleftharpoons OrH^+—Co \tag{8-13}$$

$$OrH^{+} + Co—M—O^{-} \rightleftharpoons OrH^{+}—O—M^{-}—Co \quad (8\text{-}14)$$

$$Co—C=O + OrH^{+} \longrightarrow Co—C—O—H—Or \quad (8\text{-}15)$$

喹啉、吲哚和吡啶溶解度很低，由于溶解度越低，分子的疏水性就越好，使得它们更容易在具有疏水性的煤样表面吸附。其次这 3 种有机物都具有弱碱性，以吡啶(Py)为例，一般在 pH 大于 6.5 时，PyH^{+}的摩尔百分含量小于 5%，因为吡啶包含一个 N 原子，比 sp^{2} 杂化形式的 C 原子具有更多的电负性，此时吡啶优先吸附在含有负电的颗粒表面。在 pH 值小于 5.25 时(吡啶 pK_{a} 为 5.25)，吡啶通过质子化作用转换为 PyH^{+}，如式(8-7)，此时优先吸附在含负电的颗粒表面；在 pH 值大于 5.25 时，分子的 π-π 相互作用和静电相互作用占主导，吡啶在吸附剂颗粒表面的吸附以物理吸附为主，吸附方式以吸附式(8-8)和(8-9)为主。根据第 5 章的实验结果，在 pH=4 左右，煤粉对吡啶(Py 和 PyH^{+})的吸附效果最佳，此时吸附方式包括物理吸附[反应式(8-13)]和化学吸附[反应式(8-10)]两种，吸附方式的多样化使得吸附效果较好。而在 pH 值较大时，吸附方式以物理吸附为主，吸附以式(8-8)为主，吸附比较单一，吸附效果较差[197-198]。

苯酚(Be—OH)在煤样表面的吸附可以用以下化学反应来解释：

$$Be—OH \rightleftharpoons Be—O^{-} + H^{+} \quad (8\text{-}16)$$

$$Be—OH + Co \rightleftharpoons BeOH—Co \quad (8\text{-}17)$$

$$Be—O^{-} + Co—O^{-} \rightleftharpoons O^{-}—Be—Co—O^{-} \quad (8\text{-}18)$$

苯酚(Be—OH)溶解度相对较高，由于溶解度越高，分子的亲水性就越好，更容易溶解在水中而难以在具有疏水性的煤样表面吸附。其次苯酚具有弱酸性，离子化系数 $K_{a}=1.1\times10^{-10}$，$pK_{a}=9.96$。当 pH 值小于 9.96 时，苯酚主要以中性分子 $C_{6}H_{5}OH$ 形式存在，吸附方式以式(8-17)反应为主，此时的苯酚在煤粉表面的吸附以物理吸附为主，吸附能力与吸附剂的比表面积成正比。当 pH 值大于 9.96 时，苯酚发生电离反应以阴离子 $C_{6}H_{5}^{-}$ 形式存在，即式(8-16)反应，此时煤样由于表面酸性含氧官能团电解以 $Co—O^{-}$ 形式存在，煤样表面和苯酚离子具有相同电性，使得吸附效果变差，且解离度越大，在煤表面的吸附量越小。这与 5.2.4 中的实验结果相一致。

综上所述，难降解大分子有机物在煤样表面的吸附主要为物理吸附，吸附机制主要有以下 3 种。

(1) 电性作用引起的吸附

首先带电煤样表面的配衡离子可能被同号的有机物离子取代而引起离子交换吸附，如式(8-10)反应；其次带电煤样表面被带相反电荷的有机物离子因电性作用而引起离子配对吸附，如式(8-9)反应。其吸附机制示意图见图 8-9。

(2) 色散力引起的吸附

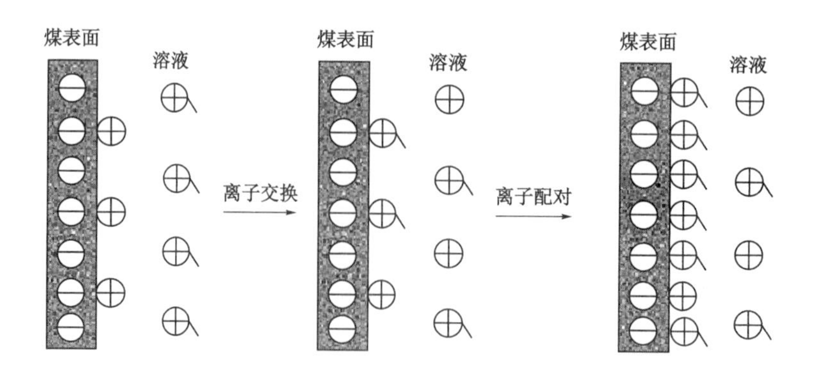

图 8-9 离子交换吸附和离子配对吸附

色散力引起的吸附指煤样表面与有机物分子因范德瓦尔斯力引起的吸附，如式(8-8)和式(8-17)的反应。此类吸附的特性是吸附量与有机物分子质量成正比，其吸附机制如图 8-10 所示。

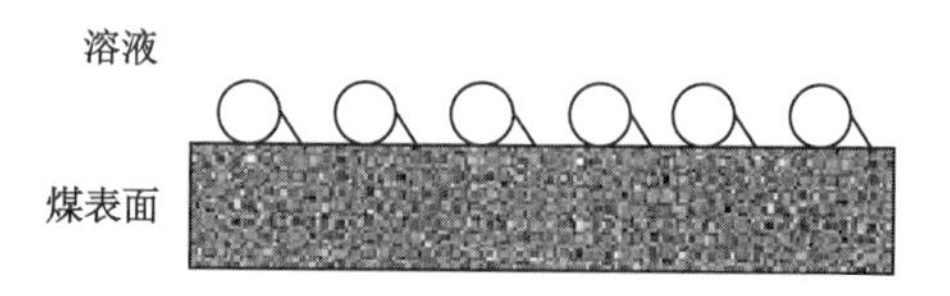

图 8-10 色散力引起的物理吸附

(3) 形成氢键引起的吸附

煤样表面的某些基团与有机物分子之间形成氢键可以进行吸附，如式(8-14)的反应。其吸附机制如图 8-11 所示。

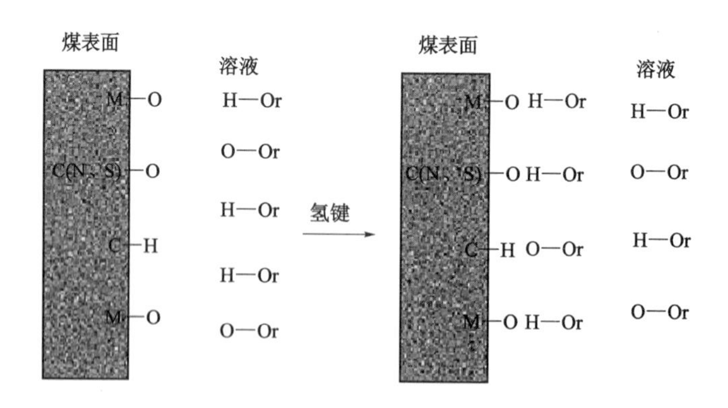

图 8-11 氢键引起的物理吸附

8.3 本章小结

本章主要考察了褐煤、焦煤和无烟煤吸附大分子有机物(喹啉、吡啶、吲哚和苯酚)前后 FTIR、SEM、XPS 谱图的不同,测试了 3 种煤的零电点和等电点,对其吸附机理进行了推理分析。得到的主要结论如下:

(1) 通过吸附前后的 FTIR 对比分析,发现煤粉在吸附后只是在原有吸附分子的特征吸收带处出现某些位移或强度上的改变,极少出现新的特征谱带,表明吸附过程以物理吸附为主。

(2) 通过吸附前后的 SEM 图像对比分析,发现吸附后煤表面变得较为光滑和平整,这可能是表面覆盖了大分子有机物的缘故。

(3) 研究分析了煤样的零电点和等电点。3 种煤样的零电点 pH_{PZC} 的大小顺序为无烟煤>焦煤>褐煤,分别为 6.90、6.50 和 5.50;等电点 pH_{IEP} 的大小顺序为无烟煤>焦煤>褐煤,分别为 4.70、3.95 和 3.00。煤样电负性随着系统 pH 值的提高和酸性含氧官能团的增多而增大。

(4) 在相同 pH 值下,3 种煤负电性强弱顺序为褐煤>焦煤>无烟煤,$pH_{PZC}-pH_{IEP}$ 值分别为 2.50、2.55 和 2.20,表明 3 种煤外表面的负电荷数量多于内表面。

(5) 煤吸附水中有机物存在物理吸附和化学吸附两种吸附形式,对两种吸附形式的吸附机理进行了推理分析,得到煤粉吸附喹啉、吡啶、吲哚和喹啉的吸附机理以及物理吸附的 3 种吸附机制。

9 煤吸附净化法的应用

焦化废水和含油废水是两种典型的有机废水，焦化废水中主要污染物为难降解大分子有机物，含油废水中主要污染物为烃类有机物（油滴）和固体悬浮物[199]。难降解大分子有机物和烃类有机物（油滴）的性质相似且都属于有机物，它们都属于广义颗粒物，而去除焦化废水中难降解大分子有机物和含油污水中溶解油最有效的方法都是吸附法[200]。对煤吸附有机物的研究结果表明，可以用煤吸附去除废水中的难降解大分子有机物，我们将这种方法称为煤吸附净化法。本章将煤吸附净化法应用到实际焦化废水和含油废水的处理中，对应用效果进行初步探索了解。

9.1 煤吸附净化法在焦化废水中的应用

9.1.1 实验部分

9.1.1.1 实验样品

（1）实验水样

徐州华裕煤气集团脱酚蒸氨工艺后的有机焦化废水。

（2）实验煤粉

考虑自源性原则，实验煤样采用徐州华裕煤气集团自身的焦化用煤。该煤属于炼焦煤，呈沥青光泽。煤样采集运送到实验室后，根据实验要求制备所需粒度：选取＋25 mm 的块状煤用颚式破碎机进行破碎，至 2～3 mm 粒级以下，然后用振筛机进行筛分，将其分为＋0.5 mm，－0.5＋0.25 mm，－0.25＋0.125 mm，－0.125＋0.074 mm 和＋0.074 mm 共 5 个粒级。

9.1.1.2 实验

首先将焦化废水与煤粉搅拌混合，使焦化废水中有机污染物在煤粉表面吸附，然后通过过滤将吸附后的煤粉与水分离。实验流程如图 9-1 所示。

9.1.1.3 实验方法

（1）评价指标

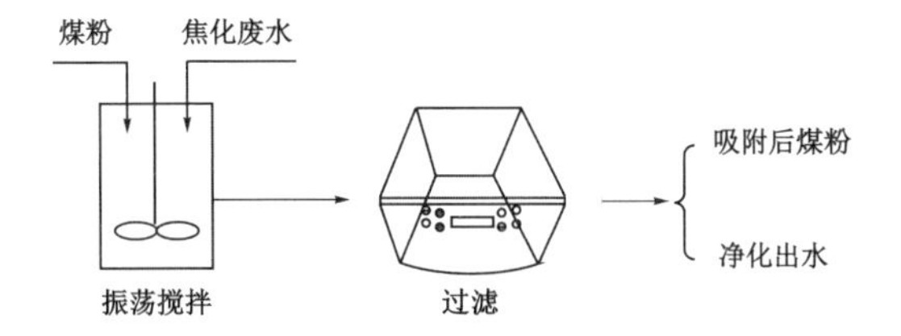

图 9-1 煤吸附净化法处理焦化废水实验流程

实验中采用COD_{Cr}(重铬酸钾法测得的化学需氧量)、氨氮和挥发酚的去除率来评价焦化废水的处理效果。根据吸附前后水样中COD_{Cr}、氨氮和挥发酚的浓度变化,计算其去除率,计算公式为:

$$去除率 = \frac{C_0 - C_e}{C_0} \times 100\% \tag{9-1}$$

式中,C_0 为初始焦化废水中COD_{Cr}、氨氮或挥发酚的浓度,$mg \cdot L^{-1}$;C_e 为吸附后净化出水中COD_{Cr}、氨氮或挥发酚的浓度,$mg \cdot L^{-1}$。

(2) 煤粉粒级对COD_{Cr}、氨氮和挥发酚去除率的影响实验

取 5 个粒级的煤粉各 10.0 g,对 100.00 mL 焦化废水进行吸附净化处理,测定净化出水中COD_{Cr}、氨氮和挥发酚的浓度,并分别计算去除率。实验结果如图 9-2(a)所示。

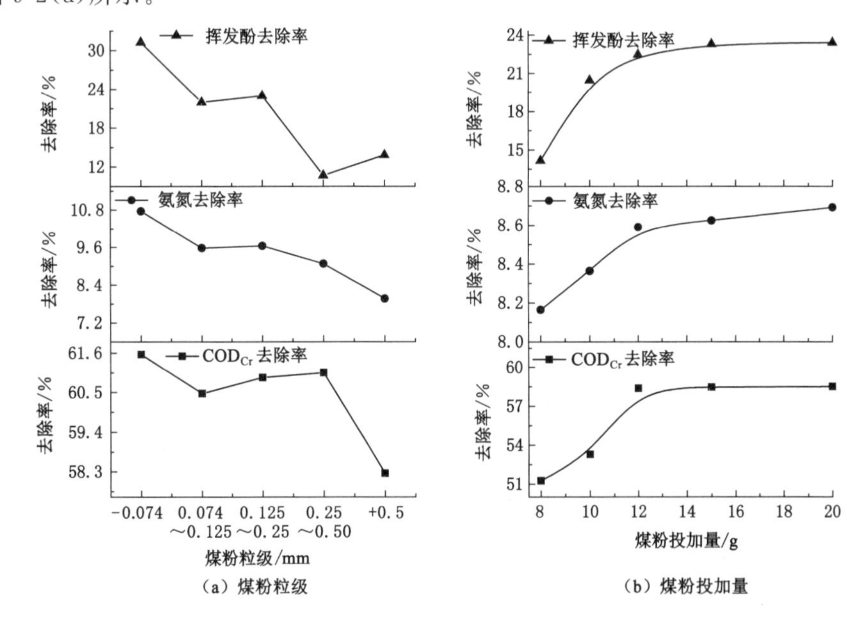

图 9-2 煤粉粒级和投加量对COD_{Cr}、氨氮和挥发酚去除率的影响

(3) 煤粉投加量对COD_{Cr}、氨氮和挥发酚去除率的影响实验

选取最佳煤粉粒级,煤粉投加量设定为8.0 g、10.0 g、12.0 g、15.0 g和20.0 g共5个梯度,对100.0 mL焦化废水进行吸附净化处理,测定净化出水中COD_{Cr}、氨氮和挥发酚的浓度,并分别计算去除率。实验结果如图9-2(b)所示。

(4) 焦化废水pH值对COD_{Cr}、氨氮和挥发酚去除率的影响实验

选取最佳煤粉粒级和煤粉投加量,调节焦化废水的初始pH值分别为2、4、5、6和7,对100.0 mL焦化废水进行吸附净化处理,测定净化出水中COD_{Cr}、氨氮和挥发酚的浓度,并分别计算去除率。实验结果如图9-3(a)所示。

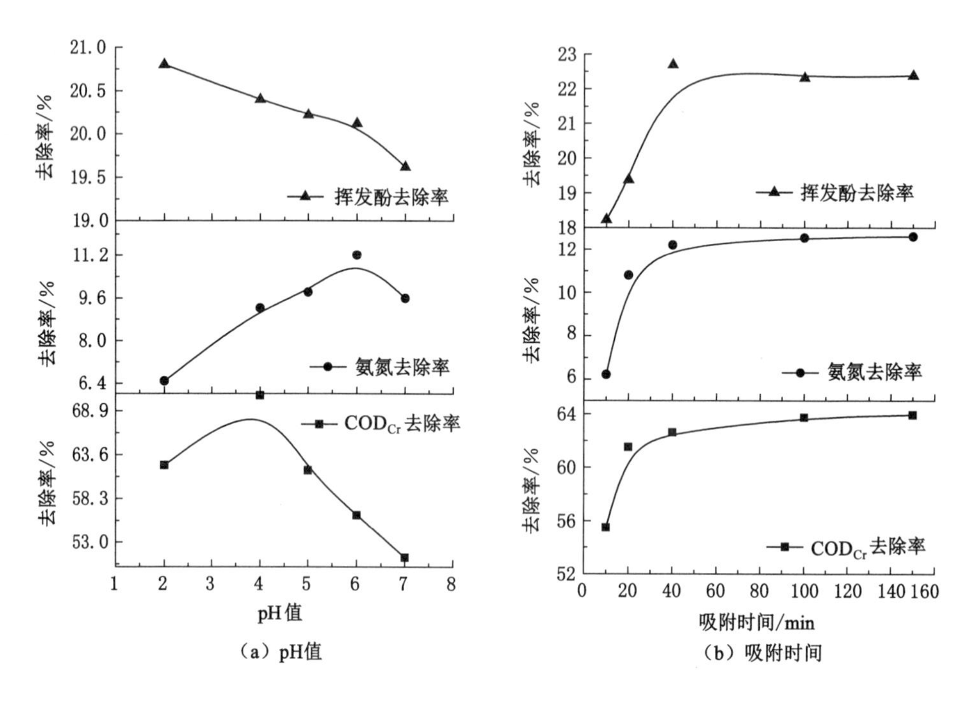

图9-3 pH值和吸附时间对COD_{Cr}、氨氮和挥发酚去除率的影响

(5) 吸附时间对COD_{Cr}、氨氮和挥发酚去除率的影响实验

选取最佳煤粉粒级和煤粉投加量,吸附时间设定10 min、20 min、40 min、100 min和150 min共5个梯度,对100.0 mL焦化废水进行吸附净化处理,测定净化出水中COD_{Cr}、氨氮和挥发酚的浓度,并分别计算去除率。实验结果如图9-3(b)所示。

(6) 多段吸附研究

以最佳吸附条件,对100.0 mL焦化废水连续吸附净化3次,测定净化出水中COD_{Cr}、氨氮和挥发酚的浓度,并分别计算去除率。实验结果如图9-4所示。

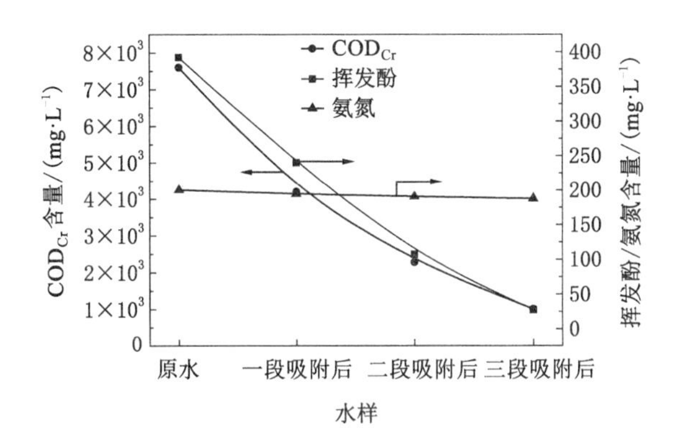

图 9-4 各段吸附后 COD_{Cr}、氨氮和挥发酚的含量

9.1.2 结果与讨论

9.1.2.1 煤粉粒级和投加量对 COD_{Cr}、氨氮和挥发酚去除率的影响

由图 9-2(a)可以看出，当煤粉粒级为－0.074 mm 时，对 COD_{Cr}、氨氮和挥发酚的去除效率最大，随着煤粉粒级的增大，去除率呈逐渐减小的趋势。由于焦化废水中 COD_{Cr}污染物主要是由酚类物质和稠环大分子所构成，而煤粉对大分子物质具有较大的吸附能力，所以煤粉对 COD_{Cr}有较大的去除效率，最大去除率达 60.00%左右；氨氮的去除率仅 8.00%左右，这是由于氨氮是无机类物质，煤粉对其吸附效果较差。

煤粉粒级越小，其比表面积越大，污染物在煤粉表面吸附的空间就越大，且煤粉越细，外露的孔隙也会更多，有利于吸附，同时煤粉露出的表面官能团也会增加，发生化学吸附的概率也会增加，这些都使细粒级煤粉的污染物去除率升高。

由图 9-2(b)可以看出，随着煤粉投加量从 8 g 增加到 12 g，各指标去除率都增大，投加量大于 12.0 g 后，各去除率指标增加趋缓。从经济成本和有机物去除率两方面综合考虑，确定最佳煤粉投加量为 12.0 g/100.0 mL 废水。

9.1.2.2 焦化废水 pH 值和吸附时间对 COD_{Cr}、氨氮和挥发酚去除率的影响

由图 9-3(a)可以看出，pH 值对焦化废水中各指标的去除率影响显著，且对各指标的影响规律各不相同。随 pH 值增大，挥发酚去除率逐渐降低；氨氮去除率则随着 pH 值的增大而增大，当 pH＝6 时，煤粉对氨氮的去除效率最大，达到 11.20%；COD_{Cr}去除率随 pH 值增大先增大，在 pH 值为 4 时达到最大，随后快速下降。

污染物在水中的存在形式有多种，包括离子状态、分子状态、络合状态、游离态等，且如氨氮、酚类有机物等污染物在水中都存在解离平衡，pH 值的变化会

影响污染物在水中存在的形式，也会影响污染物的解离平衡。另一方面，根据3.5节中的研究结果，煤比表面积随着pH值的增大而降低，同时pH值的大小会影响煤粉表面的带电性，也会改变煤粉成分在水中的溶解程度和煤粉孔径分布。这些综合因素导致pH值对焦化废水吸附处理效果产生显著影响。

焦化废水中的挥发酚主要以苯酚为主，苯酚具有弱酸性，煤粉对其吸附能力与苯酚在水中的解离度有关，解离度越大，吸附量越小。在酸性介质中，苯酚的解离程度很小，故在pH=0～4.7时，吸附量较大；苯酚的pK_a值为9.89，在碱性环境中，特别当pH>9.89时，苯酚解离度增大，苯酚主要以阴离子的形式被吸附，吸附量减少。

COD_{Cr}主要反映有机物的含量，焦化废水中以有机污染物居多，以喹啉类、吲哚类和吡啶类为主。喹啉、吲哚和吡啶等都具有弱碱性，酸性条件下，煤炭表面带负电，有利于吸附；随着环境pH值变大，煤粉表面的酸性含氧官能团被中和，使得化学吸附基本消失，同时煤比表面积也随pH值的增大会降低，造成物理吸附量也不断减少。因此，喹啉、吲哚和吡啶等的吸附量随着pH值的增大而不断减少。根据实验结果，确定最佳吸附pH值为4。

由图9-3(b)可以看出，随着吸附时间的增加，各指标去除率的变化规律类似，都是先增加后趋于平缓。吸附刚开始时，去除率增加迅速，大约40 min以后增速趋于缓慢，80 min以后去除率趋于稳定。根据实验结果，确定最佳吸附时间为40 min。

9.1.2.3 焦化废水的多段吸附研究

从图9-5可以看出，煤吸附净化法处理高浓度的焦化废水具有很好的效果。经三段吸附后，废水中COD_{Cr}、氨氮和挥发酚分别可以降到1 010.80 mg·L^{-1}、186.77 mg·L^{-1}和27.33 mg·L^{-1}。三段煤净化吸附，对COD_{Cr}的去除率分别为55.00%、70.00%和86.70%，总去除率为86.70%；对挥发酚的去除率分别为38.70%、55.40%和74.50%，总去除率为93.00%；氨氮的浓度变化则很小，说明煤粉对以游离氨或铵离子形式存在的氮等无机类分子的去除效果很差。

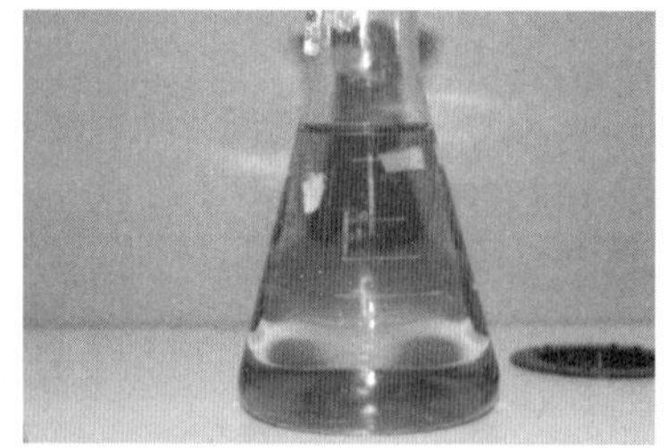

图9-5 吸附前(左)和吸附后(右)的水样

9.2　煤吸附净化法在含油废水中的应用

9.2.1　实验部分

9.2.1.1　实验样品

(1) 实验水样

实验用水样取自胜利孤岛油田第六联合站一次油、气、水分离罐，水质分析结果见表 9-1。可以看出，孤六联合站含油污水水质较差，其外观为黄褐色，有大量分散油与悬浮物，难以处理[201-202]。

表 9-1　孤六联合站含油污水水质分析结果

指标	pH	温度/℃	密度/(g·cm^{-3})	黏度/(mPa·s)
分析结果	7.0～7.4	35～39	910～960	1.523 8
指标	含油量/(mg·L^{-1})	HPAM 含量/(mg·L^{-1})	固体悬浮物含量/(mg·L^{-1})	
分析结果	1 500～2 500	150～300	500～680	

(2) 实验煤样

实验煤样为河南神火煤电集团公司薛湖洗煤厂的重介精煤，根据前期最优粒度实验结果，将其破磨到－200 目占 80%。

9.2.1.2　实验装置

实验采用煤吸附净化和气浮法相结合的方法，其中煤吸附净化法实现水中溶解油在煤粉表面吸附，气浮法实现将吸附后的煤粉与水分离，从而实现含油废水的净化。油水分离装置采用旋流-静态微泡浮选柱[203]，规格为直径 50 mm、高 2 000 mm，材质为不锈钢。实验设备联系图见图 9-6。含油污水首先进入搅拌桶，调节流量后经给料泵从浮选柱的中上部给入浮选柱，出水经循环泵由浮选柱底部排出。充气速率通过阀门和气体转子流量计调节，循环压力通过循环泵出口阀门调节。

9.2.1.3　实验方法

(1) 评价指标

实验中采用脱油率来评价油水分离效率[204]。分别从进水口取样点 1 和底流净化出水口取样点 3 取样(见图 9-6)，测量 1 和 3 两点的含油量和固体悬浮物含量。

脱油率 R 的计算方法为：

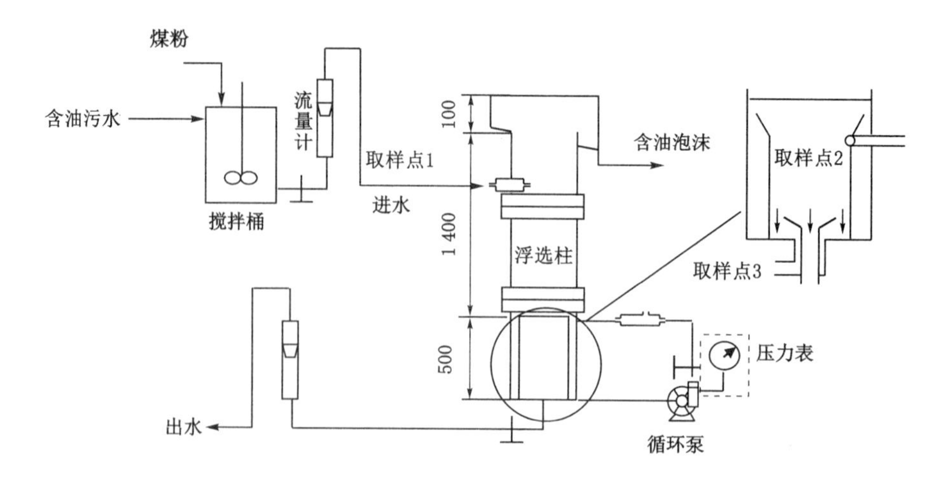

图 9-6 含油污水处理实验设备联系图

$$R=\left(1-\frac{C_3}{C_1}\right)\times 100\% \tag{9-2}$$

式中,C_1 为入水的含油量,$mg\cdot L^{-1}$;C_3 为出水的含油量,$mg\cdot L^{-1}$。

固体悬浮物去除率 S 的计算方法为:

$$S=\left(1-\frac{S_3}{S_1}\right)\times 100\% \tag{9-3}$$

式中,S_1 为入水的固体悬浮物含量,$mg\cdot L^{-1}$;S_3 为出水的固体悬浮物含量,$mg\cdot L^{-1}$。

(2) 充气量对脱油率和固体悬浮物去除率的影响

充气量设定 0、0.05 $m^3\cdot h^{-1}$、0.10 $m^3\cdot h^{-1}$、0.15 $m^3\cdot h^{-1}$和 2.00 $m^3\cdot h^{-1}$共 5 个梯度,含油废水进行吸附净化处理,测定净化出水的含油量和固体悬浮物含量,并分别计算其去除率。

(3) 循环压力对脱油率和固体悬浮物去除率的影响

选取最佳充气量,循环压力设定 0.10 MPa、0.12 MPa、0.14 MPa、0.16 MPa、0.18 MPa 和 0.20 MPa 共 6 个梯度,对含油废水进行吸附净化处理,测定净化出水的含油量和固体悬浮物含量,并分别计算其去除率。

(4) 吸附剂用量对脱油率和固体悬浮物去除率的影响

选取最佳循环压力,吸附剂设定每克油投加 0、0.50 g、1.00 g、1.50 g、2.00 g、2.50 g 和 3.00 g 煤共 7 个梯度,对含油废水进行吸附净化处理,测定净化出水的含油量和固体悬浮物含量,并分别计算其去除率。

(5) 吸附时间对脱油率和固体悬浮物去除率的影响

选取最佳吸附剂用量，吸附时间设定 100 min、67 min、50 min、40 min、33 min 和 25 min 共 6 个梯度，对含油废水进行吸附净化处理，测定净化出水的含油量和固体悬浮物含量，并分别计算其去除率。

(6) 连续实验

确定最佳吸附条件后，按照最佳吸附条件进行稳定性实验，对含油废水进行吸附净化处理，测定净化出水的含油量和固体悬浮物含量，并分别计算其去除率。

9.2.2 结果与讨论

9.2.2.1 充气量对脱油率和固体悬浮物去除率的影响

充气量实验结果如图 9-7 所示，从图中可以看出，适当增加充气量有利于除油，但对固体悬浮物去除效果不明显。随着充气量的逐渐加大，脱油率达到最大值后有所下降，固体悬浮物去除率则大幅下降。分析认为，一开始，随着充气量的增大，气泡数量增多，增加了浮选柱中的流体扰动，提高了溶解油在水中的扩散速度，增大了气泡、煤粉颗粒和油滴的碰撞概率，即相对提高了油滴在液膜内的扩散速度，提高了吸附效率，从而使得油水分离效果提高；当充气量增大到一定程度，气泡互相兼并渐趋剧烈，气泡直径变大、数量减少，即气泡的总比表面积下降，使得气泡捕集油珠能力逐渐降低，同时，充气量增大造成柱内污水返混剧烈，降低了油水分离效果。根据实验结果，确定最佳充气量为 0.12 $m^3 \cdot h^{-1}$。

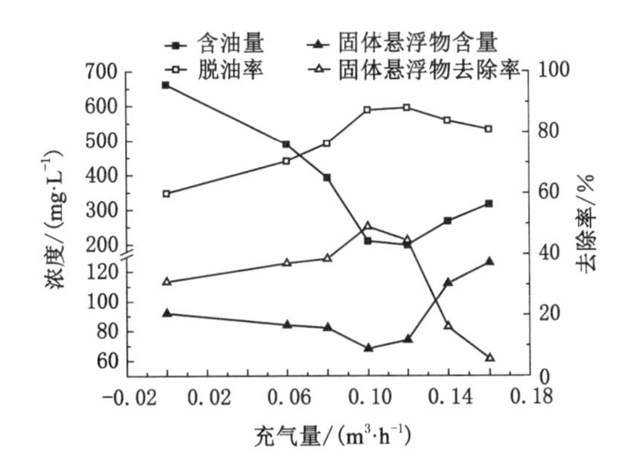

图 9-7 充气量对脱油率和固体悬浮物去除率的影响

9.2.2.2 循环压力对脱油率和固体悬浮物去除率的影响

循环压力实验结果如图 9-8 所示，从图中可以看出，随着循环压力的增大，净化出水中含油量度逐渐降低，固体悬浮物含量也逐渐降低；当循环压力达到一定值后，脱油率和固体悬浮物去除率均达到最大值；继续增加压力，脱油率和固体悬浮物去除率开始下降。分析认为，循环压力的大小影响气泡的数量和质量，且与柱体内流体的状态密切相关。根据实验结果，确定最佳循环压力为 0.14 MPa。

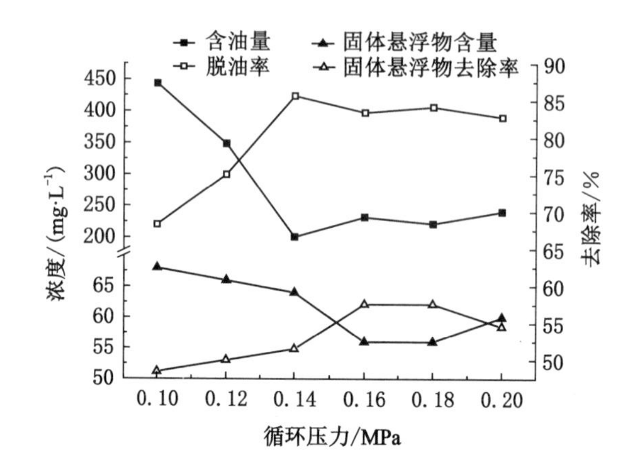

图 9-8 循环压力对脱油率和固体悬浮物去除率的影响

9.2.2.3 吸附时间对脱油率和固体悬浮物去除率的影响

吸附时间实验结果如图 9-9 所示，从图中可以看出，随着吸附时间的增加，脱油率和固体悬浮物去除率均呈先增大后趋于平缓的趋势。分析认为，煤粉刚开始和含油污水接触时，其表面的空白未吸附点较多，此时的吸附速率较大，且远远大于解吸速率，脱油率增加迅速；吸附一段时间后，煤粉表面的吸附点基本被占据，吸附与解吸达到动态平衡，脱油率几乎不再提高。根据实验结果，综合考虑处理效率和处理成本，确定最佳吸附时间为 45 min。

9.2.2.4 吸附剂用量对脱油率和固体悬浮物去除率的影响

吸附剂用量实验结果如图 9-10 所示，从图中可以看出，随着吸附剂用量的增加，脱油率和固体悬浮物去除率均呈增大的趋势。不添加吸附剂（煤粉）时净化出水含油量为 155.50 mg・L^{-1}，而煤粉用量为 2.00 g 煤/g 油时净化出水含油量为 22.97 mg・L^{-1}。煤吸附法和气浮法相结合的流程比单独采用气浮法的效果好很多，说明煤粉对污水中溶解油具有很好的吸附效果。分析认为，煤粉加入越多，为吸附所提供的总表面积就越大，具备的吸附容量也就越高，从而提高

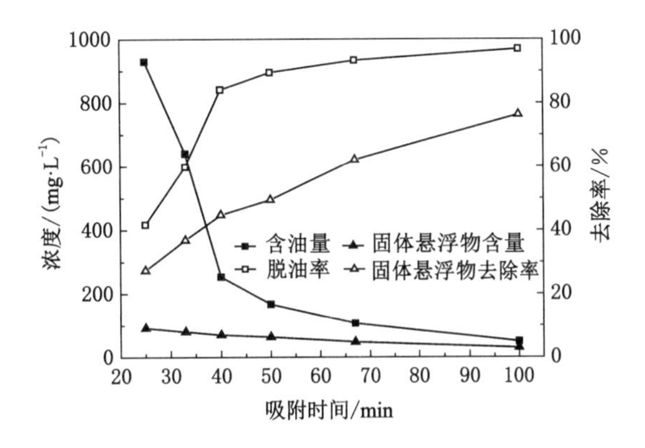

图 9-9 吸附时间对脱油率和固体悬浮物去除率的影响

了脱油率。但是,煤粉投加到一定量后,吸附效率提升变慢。从经济成本和净化效率两方面综合考虑,确定最佳吸附剂用量为 1.50~2.00 g 煤/g 油。

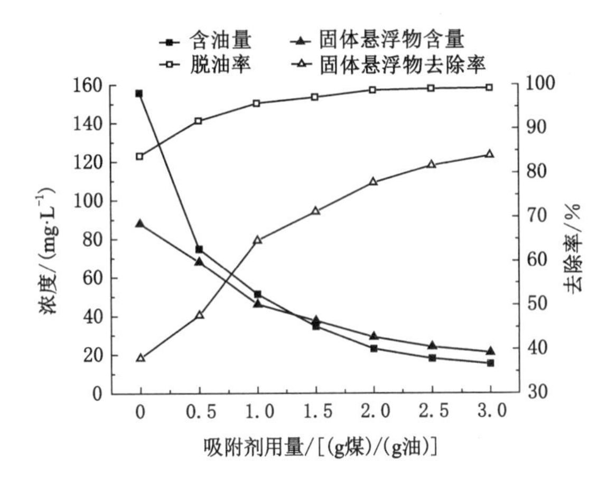

图 9-10 吸附剂用量对脱油率和固体悬浮物去除率的影响

9.2.2.5 连续实验结果

连续实验的结果见表 9-2 和图 9-11。从结果可以看出,采用煤吸附法和气浮法相结合的流程,在最佳吸附条件,即充气量为 0.12 $m^3 \cdot h^{-1}$、循环压力为 0.14 MPa、吸附时间为 45 min 和煤粉投加量为 2.00 g 煤/g 油下,净化出水的含油量可以下降到 28.23 $mg \cdot L^{-1}$,脱油率达 98.32%,固体悬浮物含量下降到 26.33 $mg \cdot L^{-1}$、去除率达 79.55%。这比单独采用气浮法或煤吸附法处理含油污水效果好很多。

表 9-2 连续稳定实验结果

操作时间	原水		净化出水			
	含油量/(mg·L^{-1})	固体悬浮物含量/%	含油量/(mg·L^{-1})	固体悬浮物含量/(mg·L^{-1})	脱油率/%	固体悬浮物去除率/%
8:00～16:00	2 214.71	140	24.67	24.0	98.88	82.86
16:00～24:00	2 263.89	130	38.08	30.0	98.31	76.92
0:00～8:00	1 326.24	120	32.34	26.2	97.56	78.33
8:00～16:00	1 717.95	110	22.08	25.8	98.71	76.36
16:00～24:00	1 359.31	130	30.28	24.5	97.77	81.53
0:00～8:00	1 648.51	150	21.92	27.5	98.67	81.33
平均	1 755.10	130	28.23	26.3	98.32	79.55

图 9-11 实验中的进水和净化出水外观对比

9.2.3 煤吸附油滴的机理讨论

含油污水中各类油的粒径为[205]:溶解油小于 0.1 μm,乳化油 0.1～10 μm,分散油 10～100 μm,浮油大于 100 μm。

煤吸附净化法用于吸附净化含油污水的机理如图 9-12 所示。

煤吸附油的动力来源:一是油滴具有疏水性,受到水分子的排斥力而吸附在颗粒表面;二是油滴受到范德瓦尔斯力、静电力作用等吸引力,被颗粒表面吸引而附着在颗粒表面。静电力作用主要为:煤颗粒表面带负电时,当不带电的油滴

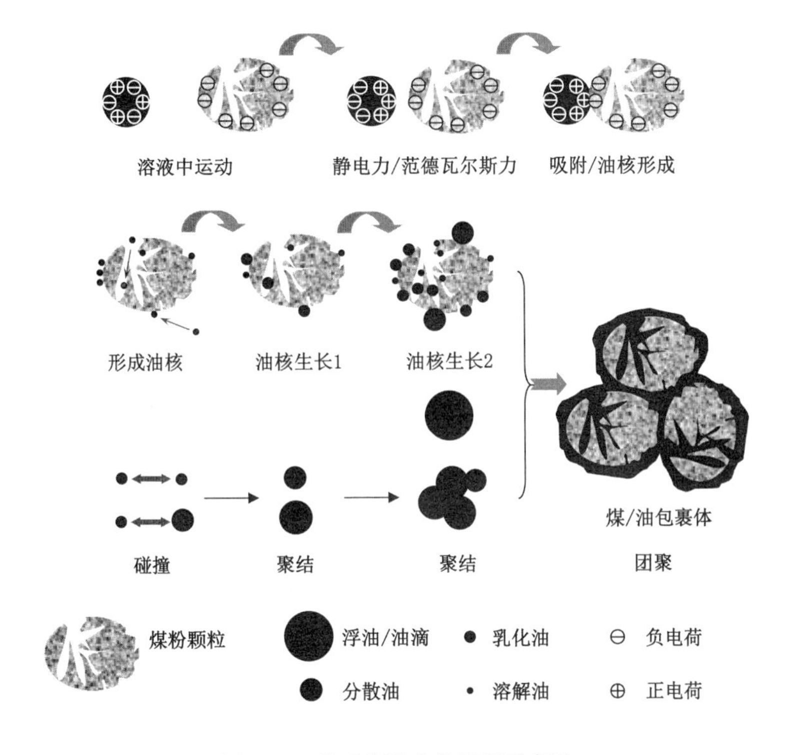

图 9-12 煤吸附油净化机理示意图

接近煤颗粒表面后，其油滴表面的电荷分布会发生变化，在接近颗粒表面的一端会带与煤颗粒表面相反的电荷(正电荷)，远端会带与煤颗粒表面相同的电荷(负电荷)。可见煤吸附油主要以物理吸附为主。

煤吸附油的过程主要包括油滴在溶液中和煤颗粒孔隙中扩散、油滴在煤颗粒表面或孔隙中吸附形成油核、油核生长及在煤颗粒孔隙中填充、形成煤/油包裹体。

煤吸附净化法的优势在于可以吸附溶解油或微细粒油形成油核，破坏其乳化平衡状态，随着吸附量的增加，最终形成煤/油团聚体，实现含油污水的吸附净化。

9.3 本章小结

本章将煤吸附净化法应用于焦化废水和含油废水的处理，对其实际应用效果进行了初步探索研究，得到的主要结论如下：

(1) 实验确定的煤吸附净化法处理焦化废水的最佳条件为:煤粒级−0.074 mm,煤粉投加量 12.0 g 煤/100.0 mL 焦化废水,焦化废水 pH 值 4,吸附时间 40 min。

(2) 煤吸附净化法处理高浓度的焦化废水具有很好的效果。在最佳吸附条件下,对 COD_{Cr}浓度为 7 600 mg・L^{-1}的焦化废水采用煤吸附净化法处理后,三段吸附后净化出水的 COD_{Cr}、氨氮和挥发酚分别可以降到 1 010.80 mg・L^{-1}、186.77 mg・L^{-1}和 27.33 mg・L^{-1},COD_{Cr}和挥发酚总去除率分别为 86.70%和 93.00%。

(3) 实验确定的煤吸附净化法联合气浮法处理含油废水的最佳条件为:充气量 0.12 m^3・h^{-1},循环压力 0.14 MPa,吸附时间 45 min,煤粉投加量 2.00 g 煤/g 油。

(4) 煤吸附净化法联合气浮法处理含油废水具有很好的效果。在最佳吸附条件下,对平均含油量为 1 755.00 mg・L^{-1}的污水处理后,净化出水的含油量可以下降到 28.23 mg・L^{-1},脱油率达 98.32%;固体悬浮物去除率达 79.55%。

(5) 对煤吸附净化含油污水的机理进行了讨论分析。煤吸附油以物理吸附为主,吸附净化过程主要包括油滴在溶液中和煤颗粒孔隙中扩散、油滴在煤颗粒表面或孔隙中吸附形成油核、油核生长及在煤颗粒孔隙中填充、形成煤/油包裹体。

10 主要结论、创新点和展望

10.1 主要结论

本书将煤作为一种多孔吸附材料，从化学组成、微观形貌、表面官能团及孔隙结构等方面，对褐煤、焦煤和无烟煤3种煤作为污水处理吸附剂的可行性进行了研究分析；以静态吸附实验、动态吸附实验、机理分析和模型计算相结合的方式对3种煤炭吸附模拟焦化废水中难降解大分子有机物（喹啉、吡啶、吲哚和苯酚）的吸附规律、吸附性能、吸附类型、吸附过程和吸附机理进行了系统研究；提出了工业有机废水的煤吸附净化法，实验考察了该方法对焦化废水和含油废水处理的效果。

本书主要研究结论如下：

(1) 褐煤、焦煤和无烟煤的矿物组成相似，主要脉石矿物为高岭土和石英，褐煤灰分最高，脉石矿物含量最高。3种煤的BET比表面积大小顺序为无烟煤＞褐煤＞焦煤，孔容积大小顺序为无烟煤＞褐煤＞焦煤，中大孔平均孔径大小顺序为无烟煤＞焦煤＞褐煤。煤粉最佳吸附剂的使用温度范围应低于100 ℃，温度越低煤样越稳定，同时也越利于吸附。褐煤中含氧官能团含量最多，其次焦煤，无烟煤最少。

(2) 有机物的去除率都随着煤粉用量的增加而提高，单位吸附量则随着煤粉用量的增加而减少；去除率与吸附质的分子大小、吸附质的酸碱性及吸附剂表面的化学性质相关。相同煤粉用量的情况下，吸附剂的分子越大越利于吸附。同等条件下，4种有机物去除效率顺序为喹啉＞吲哚＞吡啶＞苯酚，3种煤对有机物的去除效率顺序为无烟煤＞褐煤＞焦煤。

(3) 混合有机物吸附实验结果表明，相比苯酚，喹啉、吲哚和吡啶受到水的排斥力作用而更容易吸附在煤粉表面，吸附效率顺序为喹啉＞吲哚＞吡啶＞苯酚；不同的有机物具有不同的分子组成、分子结构、官能团及分子尺寸，在煤粉的孔隙中具有不同的吸附孔径和吸附点，有机物之间存在竞争吸附。

(4) Freundlich等温方程和R-P等温模型可以拟合煤对溶液中有机物的吸附行为。等温方程的模拟参数值表明，3种煤对4种有机物的吸附以物理吸附为主，都属于较易吸附。

(5) 3种煤吸附喹啉、吡啶和吲哚的吸附速率大小顺序为无烟煤＞褐煤＞焦煤，吸附速率与煤样的比表面积成正比。与之不同，3种煤吸附苯酚的吸附速率大小顺序为无烟煤＞焦煤＞褐煤，这主要是因为苯酚具有弱酸性，而褐煤中含有的酸性官能团多于焦煤和无烟煤，酸性官能团不利于苯酚的吸附，使得褐煤吸附速率小于焦煤。

(6) 吸附过程穿透曲线的形状跟实验条件密切相关，溶液的进口浓度、流速、吸附柱个数等对其都有较大影响。实验结果表明，较大的进口浓度、较高的流速和较少的吸附柱个数将使床层穿透时间缩短。无烟煤吸附传质区＜褐煤吸附传质区＜焦煤吸附传质区，这与吸附剂的比表面积大小有一定的相关性。

(7) FTIR分析表明，煤粉在吸附后，只是在原有特征吸收带处出现某些位移或强度上的改变，而几乎没有产生新的特征谱带，表明吸附过程以物理吸附为主。对比吸附前后的SEM图像，发现由于表面覆盖了大分子有机物，吸附后煤表面变得光滑和平整。

(8) 煤吸附净化法处理焦化废水的最佳条件为：煤粉粒级－0.074 mm，煤粉投加量12.0 g/100.00 mL溶液，焦化废水pH值4，吸附时间40 min。煤吸附净化法处理高浓度的焦化废水和含油废水都具有很好的效果。对煤吸附净化法用于含油污水的吸附净化机理进行了讨论分析，认为吸附过程以物理吸附为主，主要包括油滴在溶液中和煤颗粒孔隙中扩散、油滴在煤颗粒表面或孔隙中吸附形成油核、油核生长及在煤颗粒孔隙中填充、形成煤/油包裹体。

10.2 创新点

(1) 提出了煤吸附净化法。将煤作为焦化废水、含油废水等工业有机废水的吸附剂，吸附后的煤样可以用于炼焦、燃烧或制备油水煤浆等进行再利用。这可实现工业有机废水中的大部分难降解物质的回收利用，并尽最大可能降低废水后续生物处理的成本。

(2) 对3种煤的化学组成、微观形貌、表面官能团含量进行了研究分析，并对煤样的比表面积、孔容及孔径分布等孔隙特性进行了测试研究，利用TG-GC/MS对煤样的热稳定性进行了研究，综合这些物化特性说明了煤作为吸附剂的可行性。

(3) 通过静态吸附实验，对3种煤吸附不同难降解大分子有机物的吸附效率、吸附规律、吸附过程和吸附机理有了一个全面的了解。对3种煤的吸附过程进行了动力学和热力学计算分析研究，分别建立了吸附等温线方程和吸附动力学速率方程，对其吸附热力学函数和吸附活化能进行了计算，确定了吸附过程速率的控制步骤,从理论计算上证明了吸附过程以物理吸附为主。

(4) 对 3 种煤样吸附不同难降解大分子有机物的动态吸附效率、吸附规律、影响因素进行了详细的研究,并建立了动态吸附数学模型,为以后吸附柱的放大研究提供了数据依据。对 3 种煤吸附大分子有机物前后的结构性质和表面特性进行了对比研究分析,测量了其零电点和等电点,分析了其表面电性,验证了煤吸附大分子有机物以物理吸附为主的结论,并分析了吸附机理。

10.3 研究展望

(1) 不同表面含氧官能团对吸附的影响

煤的吸附作用有物理吸附和化学吸附两种。化学吸附的吸附力较强,吸附后吸附质分子不容易脱落,优于物理吸附。研究化学改性即改变煤粉表面的含氧官能团类别或含量,提高化学吸附在总吸附中的比例,是提高煤吸附能力的一条重要途径。

(2) 煤吸附净化法在焦化废水处理上的深入研究

在本书中,主要针对单一大分子有机物复配焦化废水,用煤作为吸附剂对其吸附过程、吸附类型和吸附机理进行了理论研究。而实际焦化废水的成分十分复杂,各组分之间可能有复杂的吸附竞争。下一步以真正的焦化废水为研究对象,并对煤粉做改性处理,对其吸附处理焦化废水的吸附效率、吸附规律及吸附过程进行更加深入的研究分析。

(3) 吸附柱的放大实验研究

本书中采用的吸附柱装置仅仅是实验室级别的仪器。设备放大历来是工业应用的难点。放大过程中要解决吸附剂的快速填充、吸附剂的支撑、最大传质效率及工艺操作参数的确定等问题,吸附设备参数对吸附传质效率、吸附时间、吸附带长度也都有影响,因此煤用吸附柱的放大理论还需进一步详细研究。

(4) 吸附后吸附剂的分离研究

本书主要采用静态和动态吸附方式对煤吸附焦化废水的性能进行了研究,但是没有对吸附后吸附剂的分离进行实验研究,而吸附剂的分离也是工业应用中的一个重点环节。常见的分离方法有沉淀、浓缩、离心和过滤等,如何既简单又高效地分离出吸附后的煤也是研究的重点之一。

(5) 工业现场的应用研究

基础理论的研究要与工业应用相结合,走产学研的道路。后面的研究需要建立一套半工业设备,对吸附处理效率、工艺操作参数、工艺稳定性等进行进一步研究,为以后的工业应用做准备。

参考文献

[1] 韦朝海,贺明和,任源,等.焦化废水污染特征及其控制过程与策略分析[J].环境科学学报,2007,27(7):1083-1093.

[2] 张义.焦粉对焦化废水中有机污染物的吸附机理研究[D].徐州:中国矿业大学,2017.

[3] 孙浩.煤粉吸附法深度处理焦化尾水试验研究[D].徐州:中国矿业大学,2016.

[4] KIM S J,SUNG W M. Development of volume modified sorption model and prediction for volumetric strain of coal matrix[J]. Journal of the Korean institute of gas,2015,19(2):37-44.

[5] STAMOUDIS V C,LUTHY R G. Determination of biological removal of organic constituents in quench waters from high-BTU coal-gasification pilot plants[J]. Water research,1980,14(8):1143-1156.

[6] WANG Y Q,LV Y L,SHAN M J,et al. Engineering application research of enhanced microbiological treatment for coking wastewater[J]. Applied mechanics and materials,2011,108:257-261.

[7] 张学佳,纪巍,王宝辉,等.油田采出水处理技术进展[J].工业安全与环保,2007,33(4):13-16.

[8] 张莉红,王慧欣,王海霞.炼油污水处理技术进展[J].安全、健康和环境,2008,8(1):30-32.

[9] ZHANG M,TAY J H,QIAN Y,et al. Coke plant wastewater treatment by fixed biofilm system for COD and NH_3-N removal[J]. Water research,1998,32(2):519-527.

[10] 何苗.杂环化合物和多环芳烃生物降解性能的研究[D].北京:清华大学,1995.

[11] LI B, SUN Y L, LI Y Y. Pretreatment of coking wastewater using anaerobic sequencing batch reactor (ASBR)[J]. Journal of Zhejiang University science B,2005,6(11):1115-1123.

[12] 何苗,张晓健,瞿福平,等.焦化废水中芳香族有机物及杂环化合物在活性污泥法处理中的去除特性[J].中国给水排水,1997,13(1):14-17.

[13] LOH K C,CHUNG T S,ANG W F. Immobilized-cell membrane bioreactor for high-strength phenol wastewater[J]. Journal of environmental engineering, 2000,126(1):75-79.

[14] 孙莉英,杨昌柱.含油废水处理技术进展[J].华中科技大学学报(城市科学版),2002,19(3):87-91.

[15] 刘茉娥.膜分离技术[M].北京:化学工业出版社,1998.

[16] 唐玉斌,陆柱,赵庆祥.绿色水处理技术的研究与应用进展[J].水处理技术,2002,28(1):1-5.

[17] 冯冰凌,叶菊招,郎雪梅.聚氨基葡糖超滤膜的研制及其在印染废水处理中的应用[J].工业水处理,1998,18(4):16-18.

[18] 喻胜飞,叶菊招,郎雪梅,等.壳聚糖活性炭共混超滤膜的研制[J].水处理技术,1999,25(5):255-258.

[19] 中国化工防治污染技术协会.化工废水处理技术[M].北京:化学工业出版社,2001.

[20] 乌锡康.有机化工废水治理技术[M].北京:化学工业出版社,1999.

[21] 赵洪,宋晓莉,刘锦平,等.纳米二氧化钛光催化剂处理印染废水的中试研究[J].工业水处理,2006,26(7):36-39.

[22] 于丽华,钟俊波,沈昱,等. Al_2O_3/TiO_2 的制备及光催化降解吡啶[J].大连铁道学院学报,2004,25(1):85-88.

[23] ZHAO H, XU S H, ZHONG J B, et al. Kinetic study on the photocatalytic degradation of pyridine in TiO_2 suspension systems[J]. Catalysis today,2004,93/94/95:857-861.

[24] WANG X M, HUANG X, ZUO C Y, et al. Kinetics of quinoline degradation by O_3/UV in aqueous phase[J]. Chemosphere,2004,55(5):733-741.

[25] AN T C,ZHANG W B,XIAO X M,et al. Photoelectrocatalytic degradation of quinoline with a novel three-dimensional electrode-packed bed photocatalytic reactor[J]. Journal of photochemistry and photobiology A:chemistry,2004,161(2/3):233-242.

[26] 方喜玲,成捷,胡兰花,等. TiO_2/H_2O_2/UV 和 TiO_2/O_3/UV 降解对氯苯甲酸和喹啉的试验研究[J].环境污染治理技术与设备,2005(9):12-15.

[27] 古昌红,傅敏,丁培道,等.超声波降解吡啶溶液[J].化学研究与应用,

2003,15(3):387-389.

[28] 傅敏,高宇,徐小丁.超声波降解吲哚废水的实验研究[J].西南师范大学学报(自然科学版),2005,30(1):117-121.

[29] 古昌红,傅敏,余纯丽,等.在微波辐射下用ACF处理吲哚溶液的实验研究[J].重庆环境科学,2003(3):29-31.

[30] THOMSEN A B. Degradation of quinoline by wet oxidation-kinetic aspects and reaction mechanisms[J]. Water research, 1998, 32(1): 136-146.

[31] WANG J L, QUAN X C, HAN L P, et al. Microbial degradation of quinoline by immobilized cells of Burkholderia pickettii[J]. Water research,2002,36(9):2288-2296.

[32] GRIFOLL M, HAMMEL K E. Initial steps in the degradation of methoxychlor by the white rot fungus phanerochaete chrysosporium[J]. Applied and environmental microbiology,1997,63(3):1175-1177.

[33] PARK D, LEE D S, KIM Y M, et al. Bioaugmentation of cyanide-degrading microorganisms in a full-scale cokes wastewater treatment facility[J]. Bioresource technology,2008,99(6):2092-2096.

[34] 任大军,张晓昱,颜克亮,等.白腐菌对焦化废水中喹啉的降解及机理研究[J].环境保护科学,2006,32(1):20-23.

[35] 张晓健,雷晓玲,何苗,等.好氧生物处理对焦化废水中有机物的去除[J].环境保护,1994,22(8):7-10.

[36] 何苗,张晓健,瞿福平,等.焦化废水中有机物在活性污泥法处理中的去除特性[J].给水排水,1996,22(10):28-30.

[37] MILL T, MABEY W R, LAN B Y. Photolysis of polycyclic aromatic hydrocarbons in water[J]. Chemosphere,1981,10(11/12):1281-1290.

[38] 王连生,孔令仁,常城.17种多环芳烃在水溶液中的光解[J].环境化学,1991,10(2):15-20.

[39] AN Y J, CARRAWAY E R. PAH degradation by UV/H_2O_2 in perfluorinated surfactant solutions[J]. Water research,2002,36(1):309-314.

[40] CAMPANELLA L, SAMMARTINO M P, TOMASSETTI M. Suitable potentiometric enzyme sensors for urea and creatinine[J]. The analyst, 1990,115(6):827-830.

[41] 李庭刚,李秀芬,陈坚.渗滤液中有机化合物在电化学氧化和厌氧生物组合系统中的降解[J].环境科学,2004,25(5):172-176.

[42] 范明霞,皮科武,龙毅,等.吸附法处理焦化废水的研究进展[J].环境科学与技术,2009,32(4):102-106.

[43] 吴健,辛国章.焦化废水深度处理的工业试验[J].燃料与化工,1996,27(6):318-319.

[44] 彭娟,张慧佳,郑婉莹,等.磁性 Fe_3O_4/改性煤渣复合材料的制备及其对 Cr^{6+} 的吸附性能研究[J].化工新型材料,2018,46(4):239-243.

[45] 肖前斌,谢桂芳.改性粉煤灰的制备及其对重金属吸附性能研究[J].广东化工,2018,45(18):54-55.

[46] 杨晓霞,郑小峰,高晓明,等.改性煤焦对苯甲酸的吸附动力学和热力学研究[J].离子交换与吸附,2017,33(5):472-480.

[47] 程伟玉,高宇,张军生,等.改性煤渣对含氟废水吸附性能的研究[J].山东化工,2017,46(11):181-184.

[48] 徐革联,熊楚安,邵景景,等.利用生物与吸附性物质联合处理焦化废水的研究[J].煤炭加工与综合利用,2000(4):27-29.

[49] 张劲勇,王环宇,林述刚.用熄焦粉处理焦化废水的试验研究[J].化工环保,2003,23(4):200-203.

[50] 蓝梅,顾国维.PACT 工艺研究进展及应用中应注意的问题[J].工业水处理,2000,20(1):10-12.

[51] 宋蔚,王艳.焦化废水处理技术研究进展[J].天津理工学院学报,2001,17(4):97-99.

[52] 初茉,任守政,李华民.利用膨胀石墨处理焦化废水的研究[J].煤炭加工与综合利用,1999(5):19-20.

[53] 张兆春,王海军,李风起,等.长焰煤吸附焦化废水污染物的研究[J].山东矿业学院学报,1996,15(2):205-209.

[54] 杨云龙,白晓平.焦化废水的处理技术与进展[J].工业用水与废水,2001,32(3):8-10.

[55] 张翼,于婷,毕永慧,等.含油废水处理方法研究进展[J].化工进展,2008,27(8):1155-1161.

[56] 桑义敏,李发生,何绪文,等.含油废水性质及其处理技术[J].化工环保,2004,24(增刊1):94-97.

[57] 张士萍,郑广宏,王磊.石油污染的修复与处理技术[J].四川环境,2007,26(4):76-82.

[58] 杨维本,李爱民,张全兴,等.含油废水处理技术研究进展[J].离子交换与吸附,2004,20(5):475-480.

[59] 蔺爱国,刘培勇,刘刚,等.膜分离技术在油田含油污水处理中的应用研究进展[J].工业水处理,2006,26(1):5-8.

[60] 郭秀珍.絮凝浮选法处理发电厂含油工业废水[J].内蒙古电力技术,2001,19(2):43-44.

[61] RUBIO J,SOUZA M L,SMITH R W. Overview of flotation as a wastewater treatment technique[J]. Minerals engineering,2002,15(3):139-155.

[62] PEREZ M,RODRIGUEZ-CANO R,ROMERO L I,et al. Performance of anaerobic thermophilic fluidized bed in the treatment of cutting-oil wastewater[J]. Bioresource technology,2007,98(18):3456-3463.

[63] 张成光,缪娟,符德学,等.电化学法处理废水的研究进展[J].河南化工,2006,23(6):1-4.

[64] VLYSSIDES A, BARAMPOUTI E M, MAI S, et al. Degradation of methylparathion in aqueous solution by electrochemical oxidation[J]. Environmental science & technology,2004,38(22):6125-6131.

[65] MURUGANANTHAN M, RAJU G B, PRABHAKAR S. Removal of sulfide, sulfate and sulfite ions by electro coagulation[J]. Journal of hazardous materials,2004,109(1/2/3):37-44.

[66] 周岳溪,杨延捷,岑运华.循序间歇式活性污泥法处理漂油废水[J].中国环境科学,1994,14(1):70-72.

[67] 梅丽,杨平,尚书勇.污水的生物处理:生物转盘法[J].当代化工,2004,33(5):282-285.

[68] 崔俊华,蔡振宇,金文标,等.高效原油降解菌和内循环3-PBFB处理油田采出水的研究[J].环境科学学报,2002,22(4):465-468.

[69] 龚争辉,吕兴东,周雅芳,等.气浮:生物接触氧化技术在采油废水处理中的应用[J].黑龙江环境通报,2000,24(4):26-27.

[70] 肖文胜,徐文国,杨桔才.UBAF处理炼油厂含油废水[J].工业水处理,2005,25(3):66-68.

[71] 刘妮妮,郭兴要,胡玉洁,等.快速降解高含油废水菌种的性能研究[J].中国油脂,2003,28(11):71-74.

[72] 李波,周世俊.含油污水处理技术[J].辽宁化工,2007,36(1):56-59.

[73] 陈国华.水体油污染治理[M].北京:化学工业出版社,2002.

[74] REN Y,LI T,WEI C H. Competitive adsorption between phenol,aniline and *n*-heptane in tailrace coking wastewater[J]. Water,air,& soil pollution,2012,224(1):1-11.

[75] ZHU L Z, TIAN S L, SHI Y. Adsorption of volatile organic compounds onto porous clay heterostructures based on spent organobentonites[J]. Clays and clay minerals, 2005, 53(2): 123-136.

[76] 迈尔斯. 表面、界面和胶体:原理及应用[M]. 2 版. 吴大诚,朱谱新,高绪珊,等译. 北京:化学工业出版社,2005.

[77] BRUNAUER S, DEMING L S, DEMING W E, et al. On a theory of the van der waals adsorption of gases[J]. Journal of the American chemical society, 1940, 62(7): 1723-1732.

[78] SING K S W, EVERETT D H, HAUL R A W, et al. Reporting physisorption data for gas/solid systems[J]. Pure and applied chemistry, 1985, 57(4): 603-609.

[79] ZHANG M H, ZHAO Q L, BAI X, et al. Adsorption of organic pollutants from coking wastewater by activated coke[J]. Colloids and surfaces A: Physicochemical and engineering aspects, 2010, 362(1/2/3): 140-146.

[80] ALLY M R, BRAUNSTEIN J. Activity coefficients in concentrated electrolytes: a comparison of the Brunauer-Emmett-Teller (BET) model with experimental values[J]. Fluid phase equilibria, 1996, 120(1/2): 131-141.

[81] FALK M, HARTMAN K A, LORD R C. Hydration of deoxyribonucleic acid. Ⅰ. a gravimetric study[J]. Journal of the American chemical society, 1962, 84(20): 3843-3846.

[82] KAYA E M Ö, ÖZCAN A S, GÖK Ö, et al. Adsorption kinetics and isotherm parameters of naphthalene onto natural- and chemically modified bentonite from aqueous solutions[J]. Adsorption, 2013, 19(2/3/4): 879-888.

[83] SALAKO O, LO C, COUZIS A, et al. Adsorption of Gemini surfactants onto clathrate hydrates[J]. Journal of colloid and interface science, 2013, 412: 1-6.

[84] 曾媛,赵俊学,马红周,等. 活性炭对不锈钢酸洗废水中 Cr^{3+} 和 Fe^{3+} 的吸附特性[J]. 过程工程学报,2010,10(5):911-914.

[85] 相波,李义久. 吸附等温式在重金属吸附性能研究中的应用[J]. 有色金属,2007(1):77-80.

[86] SHARMA S, AGARWAL G P. Interactions of proteins with immobilized metal ions: a comparative analysis using various isotherm models[J].

Analytical biochemistry,2001,288(2):126-140.

[87] JOHNSON R D,ARNOLD F H. The temkin isotherm describes heterogeneous protein adsorption[J]. Biochimica et biophysica acta (BBA)-Protein structure and molecular enzymology,1995,1247(2):293-297.

[88] KAPOOR A,RITTER J A,YANG R T. On the Dubinin-Radushkevich equation for adsorption in microporous solids in the Henry's law region [J]. Langmuir,1989,5(4):1118-1121.

[89] CHOWDHURY S,MISHRA R,SAHA P,et al. Adsorption thermodynamics, kinetics and isosteric heat of adsorption of malachite green onto chemically modified rice husk[J]. Desalination,2011,265(1/2/3):159-168.

[90] YANG R T. 吸附剂原理与应用[M]. 马丽萍,宁平,田森林,译. 北京:高等教育出版社,2010.

[91] KAJJUMBA G W,YILDIRIM E,AYDIN S,et al. A facile polymerisation of magnetic coal to enhanced phosphate removal from solution[J]. Journal of environmental management,2019,247:356-362.

[92] 张小平. 胶体、界面与吸附教程[M]. 广州:华南理工大学出版社,2008.

[93] SUN X,XU H,WANG J,et al. Kinetic research of quinoline,pyridine and phenol adsorption on modified coking coal[J]. Physicochemical problems of mineral processing,2018,54(3):965-974.

[94] XU L L,WANG J,ZHANG X H,et al. Development of a novel integrated membrane system incorporated with an activated coke adsorption unit for advanced coal gasification wastewater treatment[J]. Colloids and surfaces A:physicochemical and engineering aspects,2015,484:99-107.

[95] 蔡昌凤,郑西强,高辉,等. 煤粉对焦化废水二级出水中有机物的吸附动力学研究[J]. 煤炭学报,2010,35(2):299-302.

[96] 方金武,宋晓艳,蔡昌凤,等. 炼焦煤煤粉对焦化废水的吸附特性研究[J]. 安徽工程科技学院学报(自然科学版),2010,25(2):43-46.

[97] 傅敏. 活性炭纤维改性及对焦化废水中有机物吸附作用的研究[D]. 重庆:重庆大学,2004.

[98] DING C S,NI F M,CAI H Y,et al. Optimization conditions of modified activated carbon and the adsorption of phenol[J]. Advanced materials research,2010(113-116):1716-1721.

[99] LIU D M,JIANG B K. Experimental study of organic pollutants in waste water from the coking plant adsorbed by organobentonite[J]. Advanced

materials research,2011,402:747-752.

[100] LIAO P, YUAN S H, ZHANG W B, et al. Mechanistic aspects of nitrogen-heterocyclic compound adsorption on bamboo charcoal[J]. Journal of colloid and interface science,2012,382(1):74-81.

[101] GU Q Y, WU G, LU X N. Adsorption of volatile phenol in coking wastewater by diatomite[J]. Advanced materials research, 2012, 573/574:648-653.

[102] 晏彩霞,杨毅,刘敏,等.原煤及富碳沉积物对疏水性有机污染物吸附解吸研究进展[J].长江流域资源与环境,2011,20(6):768-774.

[103] 杨琛,HUANG W L,傅家谟,等.煤中干酪根的成熟度与菲的吸附行为间的关系[J].地球化学,2004,33(5):528-534.

[104] 周三栋,刘大锰,蔡益栋,等.低阶煤吸附孔特征及分形表征[J].石油与天然气地质,2018,39(2):373-383.

[105] ROSLIN A, POKRAJAC D, ZHOU Y F. Cleat structure analysis and permeability simulation of coal samples based on micro-computed tomography (micro-CT) and scan electron microscopy (SEM) technology[J]. Fuel,2019, 254:115579.

[106] HAO S X, WEN J, YU X P, et al. Effect of the surface oxygen groups on methane adsorption on coals[J]. Applied surface science,2013,264:433-442.

[107] GAO L H, LI S L, WANG Y T. Effect of different pH coking wastewater on adsorption of coking coal[J]. Water science and technology, 2016, 73(3): 582-587.

[108] 朱红,李虎林,欧泽深,等.不同煤阶煤表面改性的 FTIR 谱研究[J].中国矿业大学学报,2001,30(4):365-369.

[109] BOEHM H P, DIEHL E, HECK W, et al. Surface oxides of carbon[J]. Angewandte chemie international edition in English,1964,3(10):669-677.

[110] VAN KREVELEN D W. Coal science and technology[M]. Amsterdam: Elsevier,1981.

[111] 李敏.煤表面含氧官能团的研究[D].太原:太原理工大学,2004.

[112] 舒新前,徐精求,葛岭梅,等.灵武煤的基础性质研究[J].宁夏大学学报(自然科学版),1996,17(4):77-82.

[113] BALBUENA P B, LOSTOSKIE C, KEIHT E G, et al. Fundmaental of Adsorption[M]. Tokyo: Kodansha Ltd,1993.

[114] 王美君,付春慧,常丽萍,等.逐级酸处理对锡盟褐煤的结构及热解特性的

影响[J]. 燃料化学学报,2012,40(8):906-911.

[115] BARRETT E P,JOYNER L G,HALENDA P P. The determination of pore volume and area distributions in porous substances. Ⅰ. Computations from nitrogen isotherms [J]. Journal of the American chemical society, 1951, 73(1):373-380.

[116] 赵振国. 吸附作用应用原理[M]. 北京:化学工业出版社,2005.

[117] 孙长顺. 无机柱撑膨润土的制备、表征、吸附特性及其在废水处理中的应用研究[D]. 西安:西安建筑科技大学,2008.

[118] 辛勤,罗孟飞. 现代催化研究方法[M]. 北京:科学出版社,2009.

[119] BRUNAUER S,EMMETT P H. The use of low temperature van der waals adsorption isotherms in determining the surface areas of various adsorbents[J]. Journal of the American chemical society,1937,59(12):2682-2689.

[120] HALSEY G. Physical adsorption on non-uniform surfaces [J]. The journal of chemical physics,1948,16(10):931-937.

[121] LIPPENS B C,LINSEN B G,DE BOER J H. Studies on pore systems in catalysts Ⅰ. The adsorption of nitrogen; apparatus and calculation[J]. Journal of catalysis,1964,3(1):32-37.

[122] DE BOER J H,LINSEN B G,OSINGA T J. Studies on pore systems in catalysts: Ⅵ. The universal *t* curve[J]. Journal of catalysis,1965,4(6):643-648.

[123] HARKINS W D,JURA G. The extension of the attractive energy of a solid into an adjacent liquid or film and the decrease of energy with distance[J]. The journal of chemical physics,1943,11(12):560-561.

[124] HARKINS W D,JURA G. Surfaces of solids. Ⅻ. An absolute method for the determination of the area of a finely divided crystalline solid[J]. Journal of the American chemical society,1944,66(8):1362-1366.

[125] 张双全. 煤化学[M]. 徐州:中国矿业大学出版社,2004.

[126] LEE M W,PARK J M. Biological nitrogen removal from coke plant wastewater with external carbon addition [J]. Water environment research,1998,70(5):1090-1095.

[127] 黄君礼,鲍治宇. 紫外吸收光谱法及其应用[M]. 北京:中国科学技术出版社,1992.

[128] PARK Y,AYOKO G A,FROST R L. Application of organoclays for the

adsorption of recalcitrant organic molecules from aqueous media[J]. Journal of colloid and interface science,2011,354(1):292-305.

[129] PEI Z G,LI L Y,SUN L X,et al. Adsorption characteristics of 1,2,4-trichlorobenzene,2,4,6-trichlorophenol,2-naphthol and naphthalene on graphene and graphene oxide[J]. Carbon,2013,51:156-163.

[130] LUNA F M T,ARAÚJO C C B,VELOSO C B,et al. Adsorption of naphthalene and pyrene from isooctane solutions on commercial activated carbons[J]. Adsorption,2011,17(6):937-947.

[131] 蔡昌凤,唐传罡. 焦化中水中主要有机污染物在焦煤上的竞争吸附[J]. 煤炭学报,2012,37(10):1753-1759.

[132] HO Y S,PORTER J F,MCKAY G. Equilibrium isotherm studies for the sorption of divalent metal ions onto peat: copper, nickel and lead single component systems[J]. Water,air,and soil pollution,2002,141(1/2/3/4):1-33.

[133] HU H, TREJO M, NICHO M E, et al. Adsorption kinetics of optochemical NH_3 gas sensing with semiconductor polyaniline films[J]. Sensors and actuators B:chemical,2002,82(1):14-23.

[134] POOTS V J P,MCKAY G,HEALY J J. Removal of basic dye from effluent using wood as an adsorbent[J]. Journal of water pollution control federation,1978,50(5):926-935.

[135] MALL I D,SRIVASTAVA V C,AGARWAL N K,et al. Adsorptive removal of malachite green dye from aqueous solution by bagasse fly ash and activated carbon-kinetic study and equilibrium isotherm analyses [J]. Colloids and surfaces A:physicochemical and engineering aspects,2005,264(1/2/3):17-28.

[136] RUTHVEN D M. Principles of adsorption and adsorption processes [M]. New York:John Wiley and Sons,1984.

[137] 傅献彩,沈文霞,姚天扬. 物理化学-下册[M]. 4 版. 北京:高等教育出版社,1990.

[138] WANG N N,ZHAO Q,XU H,et al. Adsorptive treatment of coking wastewater using raw coal fly ash:adsorption kinetic,thermodynamics and regeneration by Fenton process[J]. Chemosphere,2018,210:624-632.

[139] ÇIÇEK F,ÖZER D,ÖZER A,et al. Low cost removal of reactive dyes

using wheat bran[J]. Journal of hazardous materials,2007,146(1/2): 408-416.

[140] VIJAYARAGHAVAN K,PADMESH T V N,PALANIVELU K,et al. Biosorption of nickel(Ⅱ) ions onto Sargassum wightii: application of two-parameter and three-parameter isotherm models[J]. Journal of hazardous materials,2006,133(1/2/3):304-308.

[141] CHATZOPOULOS D, VARMA A, IRVINE R L. Activated carbon adsorption and desorption of toluene in the aqueous phase[J]. AIChE journal,1993,39(12):2027-2041.

[142] DERYLO-MARCZEWSKA A, JARONIEC M, GELBIN D, et al. Heterogeneity effects in single-solute adsorption from dilute solutions on solids[J]. Chemica scripta,1984,24(1):239-246.

[143] CARTER M C,KILDUFF J E,WEBER W J. Site energy distribution analysis of preloaded adsorbents[J]. Environmental science & technology,1995,29(7):1773-1780.

[144] BAŞAR C A. Applicability of the various adsorption models of three dyes adsorption onto activated carbon prepared waste apricot[J]. Journal of hazardous materials,2006,135(1/2/3):232-241.

[145] GÜNAY A, ARSLANKAYA E, TOSUN İ. Lead removal from aqueous solution by natural and pretreated clinoptilolite: adsorption equilibrium and kinetics[J]. Journal of hazardous materials,2007,146(1/2):362-371.

[146] REDLICH O,PETERSON D L. A useful adsorption isotherm[J]. The Journal of physical chemistry,1959,63(6):1024.

[147] 张蕾,刘雪岩,姜晓庆,等. 纳米 TiO_2 对钼(Ⅵ)的吸附性能[J]. 中国有色金属学报,2010,20(2):301-307.

[148] MALL I D,SRIVASTAVA V C,AGARWAL N K. Removal of Orange-G and Methyl Violet dyes by adsorption onto bagasse fly ash-kinetic study and equilibrium isotherm analyses[J]. Dyes and pigments,2006,69(3):210-223.

[149] KAPOOR A,YANG R T. Correlation of equilibrium adsorption data of condensible vapours on porous adsorbents[J]. Gas separation & purification,1989,3(4):187-192.

[150] SZE M F F,MCKAY G. An adsorption diffusion model for removal of

Para-chlorophenol by activated carbon derived from bituminous coal[J]. Environmental pollution, 2010, 158(5): 1669-1674.

[151] HAND D W, LOPER S, ARI M, et al. Prediction of multicomponent adsorption equilibria using ideal adsorbed solution theory [J]. Environmental science & technology, 1985, 19(11): 1037-1043.

[152] LATAYE D H, MISHRA I M, MALL I D. Removal of pyridine from aqueous solution by adsorption on bagasse fly ash[J]. Industrial & engineering chemistry research, 2006, 45(11): 3934-3943.

[153] MARQUARDT D W. An algorithm for least-squares estimation of nonlinear parameters [J]. Journal of the society for industrial and applied mathematics, 1963, 11(2): 431-441.

[154] NG J C Y, CHEUNG W H, MCKAY G. Equilibrium studies for the sorption of lead from effluents using chitosan[J]. Chemosphere, 2003, 52(6): 1021-1030.

[155] WONG Y C, SZETO Y S, CHEUNG W H, et al. Adsorption of acid dyes on chitosan-equilibrium isotherm analyses [J]. Process biochemistry, 2004, 39(6): 695-704.

[156] GUPTA V K, SINGH P, RAHMAN N. Adsorption behavior of Hg(Ⅱ), Pb(Ⅱ), and Cd(Ⅱ) from aqueous solution on Duolite C-433: a synthetic resin[J]. Journal of colloid and interface science, 2004, 275(2): 398-402.

[157] RAJI C, ANIRUDHAN T S. Batch Cr(Ⅵ) removal by polyacrylamide-grafted sawdust: kinetics and thermodynamics [J]. Water research, 1998, 32(12): 3772-3780.

[158] VARSHNEY K G, GUPTA A, SINGHAL K C. The adsorption of carbofuran on the surface of antimony(Ⅴ) arsenosilicate: a thermodynamic study[J]. Colloids and surfaces A: physicochemical and engineering aspects, 1995, 104(1): 7-10.

[159] NAMASIVAYAM C, KAVITHA D. Removal of Congo Red from water by adsorption onto activated carbon prepared from coir pith, an agricultural solid waste[J]. Dyes and pigments, 2002, 54(1): 47-58.

[160] KHAN A A, SINGH R P. Adsorption thermodynamics of carbofuran on Sn(Ⅳ) arsenosilicate in H^+, Na^+ and Ca^{2+} forms[J]. Colloids and surfaces, 1987, 24(1): 33-42.

[161] WATKINS R, WEISS D, DUBBIN W, et al. Investigations into the kinetics and thermodynamics of Sb(Ⅲ) adsorption on goethite (α-FeOOH)[J]. Journal of colloid and interface science, 2006, 303(2): 639-646.

[162] MANJU G N, RAJI C, ANIRUDHAN T S. Evaluation of coconut husk carbon for the removal of arsenic from water[J]. Water research, 1998, 32(10): 3062-3070.

[163] GUO X Y, LUO L, MA Y B, et al. Sorption of polycyclic aromatic hydrocarbons on particulate organic matters[J]. Journal of hazardous materials, 2010, 173(1/2/3): 130-136.

[164] 近藤精一,石川达雄,安部郁夫. 吸附科学[M]. 李国希,译. 北京:化学工业出版社,2006.

[165] LOW M J D. Kinetics of chemisorption of gases on solids[J]. Chemical reviews, 1960, 60(3): 267-312.

[166] GERENTE C, LEE V K C, CLOIREC P L, et al. Application of chitosan for the removal of metals from wastewaters by adsorption—mechanisms and models review[J]. Critical reviews in environmental science and technology, 2007, 37(1): 41-127.

[167] HO Y S, MCKAY G. The sorption of lead(Ⅱ) ions on peat[J]. Water research, 1999, 33(2): 578-584.

[168] SAHU A K, SRIVASTAVA V C, MALL I D, et al. Adsorption of furfural from aqueous solution onto activated carbon: kinetic, equilibrium and thermodynamic study[J]. Separation science and technology, 2008, 43(5): 1239-1259.

[169] HO Y S, MCKAY G. Sorption of dye from aqueous solution by peat[J]. Chemical engineering journal, 1998, 70(2): 115-124.

[170] CHEN B L, ZHU L Z. Partition of polycyclic aromatic hydrocarbons on organobentonites from water[J]. Journal of environmental sciences (China), 2001, 13(2): 129-136.

[171] HO Y S, MCKAY G. Pseudo-second order model for sorption processes [J]. Process biochemistry, 1999, 34(5): 451-465.

[172] GUPTA V K, MOHAN D, SHARMA S. > Removal of lead from wastewater using bagasse fly ash—a sugar industry waste material[J]. Separation science and technology, 1998, 33(9): 1331-1343.

[173] GUPTA V K, SHARMA S. Removal of zinc from aqueous solutions using

bagasse fly ash—a low cost adsorbent[J]. Industrial & engineering chemistry research,2003,42(25):6619-6624.

[174] SARKAR M,SARKAR A R,GOSWAMI J L. Mathematical modeling for the evaluation of zinc removal efficiency on clay sorbent[J]. Journal of hazardous materials,2007,149(3):666-674.

[175] LEE J J, CHOI J, PARK J W. Simultaneous sorption of lead and chlorobenzene by organobentonite[J]. Chemosphere, 2002, 49(10): 1309-1315.

[176] MATHIALAGAN T, VIRARAGHAVAN T. Adsorption of cadmium from aqueous solutions by perlite[J]. Journal of hazardous materials, 2002,94(3):291-303.

[177] 张萌. 褐煤活性炭吸附处理焦化废水实验研究[D]. 保定:华北电力大学(河北),2010.

[178] CHANDRA T C,MIRNA M M,SUDARYANTO Y,et al. Adsorption of basic dye onto activated carbon prepared from durian shell:studies of adsorption equilibrium and kinetics[J]. Chemical engineering journal, 2007,127(1/2/3):121-129.

[179] LI L,QUINLIVAN P A,KNAPPE D R U. Effects of activated carbon surface chemistry and pore structure on the adsorption of organic contaminants from aqueous solution[J]. Carbon, 2002, 40(12): 2085-2100.

[180] 舒月红,贾晓珊. CTMAB-膨润土从水中吸附氯苯类化合物的机理:吸附动力学与热力学[J]. 环境科学学报,2005,25(11):1530-1536.

[181] 朱学栋,朱子彬,韩崇家,等. 煤中含氧官能团的红外光谱定量分析[J]. 燃料化学学报,1999,27(4):335-339.

[182] SUN W L,QU Y Z,YU Q,et al. Adsorption of organic pollutants from coking and papermaking wastewaters by bottom ash[J]. Journal of hazardous materials,2008,154(1/2/3):595-601.

[183] ZHOU G,XU C C,CHENG W M,et al. Effects of oxygen element and oxygen-containing functional groups on surface wettability of coal dust with various metamorphic degrees based on XPS experiment[J]. Journal of analytical methods in chemistry,2015,2015:1-8.

[184] CHINGOMBE P, SAHA B, WAKEMAN R J. Surface modification and characterisation of a coal-based activated carbon[J]. Carbon,2005,43(15):

3132-3143.

[185] PARKS G A,DE BRUYN P L. The zero point of charge of oxides[1][J]. The journal of physical chemistry,1962,66(6):967-973.

[186] TANFORD C. Physical chemistry of macromolecules[M]. New York: Wiley Press,1961.

[187] 何伯泉.氧化矿的零电点与等电点及其测定方法[J].有色金属(选矿部分),1983(1):17-23.

[188] MORENO-CASTILLA C,LÓPEZ-RAMÓN M V,CARRASCO-MARIN F. Changes in surface chemistry of activated carbons by wet oxidation [J]. Carbon,2000,38(14):1995-2001.

[189] MORENO-CASTILLA C,CARRASCO-MARIN F,PAREJO-PÉREZ C, et al. Dehydration of methanol to dimethyl ether catalyzed by oxidized activated carbons with varying surface acidic character[J]. Carbon, 2001,39(6):869-875.

[190] CRAWFORD R J,MAINWARING D E. The influence of surfactant adsorption on the surface characterisation of Australian coals[J]. Fuel, 2001,80(3):313-320.

[191] 王宝俊,李敏,赵清艳,等.煤的表面电位与表面官能团间的关系[J].化工学报,2004,55(8):1329-1334.

[192] 傅献彩,沈文霞,姚天扬.物理化学[M].4版.北京:高等教育出版社,1990.

[193] 谢克昌.煤的结构与反应性[M].北京:科学出版社,2002.

[194] MENÉNDEZ J A,ILLÁN-GÓMEZ M J,Y LEÓN C A,et al. On the difference between the isoelectric point and the point of zero charge of carbons[J]. Carbon,1995,33(11):1655-1657.

[195] WEBER T W,CHAKRAVORTI R K. Pore and solid diffusion models for fixed-bed adsorbers[J]. AIChE Journal,1974,20(2):228-238.

[196] ZHU S,BELL P R F,GREENFIELD P F. Adsorption of pyridine onto spent Rundle oil shale in dilute aqueous solution[J]. Water research, 1988,22(10):1331-1337.

[197] CHENG Y,FAN W J,GUO L. Coking wastewater treatment using a magnetic porous ceramsite carrier [J]. Separation and purification technology,2014,130:167-172.

[198] STRYDOM C A,CAMPBELL Q P,LE ROUX M,et al. Validation of

using a modified BET model to predict the moisture adsorption behavior of bituminous coal[J]. International journal of coal preparation and utilization,2016,36(1):28-43.

[199] 李小兵.基于微泡浮选的多流态强化油水分离研究[D].徐州:中国矿业大学,2011.

[200] 汤鸿霄,钱易,文湘华.水体颗粒物和难降解有机物的特性与控制技术原理[M].北京:中国环境科学出版社,2000.

[201] XU H X,LIU J T,GAO L H,et al. Study of oil removal kinetics using cyclone-static microbubble flotation column[J]. Separation science and technology,2014,49(8):1170-1177.

[202] XU H X,LIU J T,WANG Y T,et al. Oil removing efficiency in oil-water separation flotation column[J]. Desalination and water treatment,2015,53(9):2456-2463.

[203] LIU J T,XU H X,LI X B. Cyclonic separation process intensification oil removal based on microbubble flotation[J]. International journal of mining science and technology,2013,23(3):415-422.

[204] LI X B,LIU J T,WANG Y T,et al. Separation of oil from wastewater by column flotation[J]. Journal of China University of Mining and Technology,2007,17(4):546-577.

[205] 刘德绪.油田污水处理工程[M].北京:石油工业出版社,2001.